（美）罗纳德·K.L.柯林斯 (Ronald K. L. Collins)

王黎黎　王琳琳／译

大卫·M.斯科弗 (David M. Skover)／编

机器人的话语权

ROBOTICA:
SPEECH RIGHTS AND
ARTIFICIAL INTELLIGENCE

上海人民出版社

在每一个通信技术的时代——无论是印刷、广播、电视还是互联网——都会有某种形式的政府审查，以规范媒体及其信息。今天，我们看到"机器语言"的现象被复杂的人工智能的发展所加强。罗纳德·K.L.柯林斯(Ronald K.L.Collins)和大卫·M.斯科弗(David M.Skover)认为，《第一修正案》必须为包括和保护机器人表达提供辩护和理由。机器人不是人类，也没有意图，这无关紧要；重要的是，人类认同机器人言论是有意义的。这是对发生在机器人和接收者的交流中的"无意图言论自由"的宪法认可。《机器人的话语权》是第一本针对这些目的展开法律论证的书。本书以法学和传播学学者、律师和言论自由活动人士为阅读对象，在法律与技术的结合点上探索新的重要问题和解决方案。

关 于 作 者

罗纳德·K.L.柯林斯(Ronald K.L.Collins)是华盛顿大学法学院的哈罗德·S.谢菲尔曼(Harold S.Shefelman)学者。在进入法学院之前，柯林斯在俄勒冈州最高法院担任汉斯·A.林德(Hans A.Linde)法官的法律助理、是首席大法官沃伦·伯格(Warren Burger)手下的最高法院法官、华盛顿特区新闻博物馆第一修正案研究中心的学者。

柯林斯撰写了宪法摘要，提交给最高法院和其他联邦和州高级法院。除了与大卫·斯科弗合著本书之外，他还是《奥利弗·温德尔·霍姆斯：一个言论自由的读者》(2010)一书的编辑，以及《我们一定不要害怕自由》(2011)一书的合著者。他的最新的独著是《微妙的专制主义：弗洛伊德·艾布拉姆斯和第一修正案》(2013)。柯林斯是美国最高法院博客(SCOTUSblog)的图书编辑，每周写一篇博客(第一修正案新闻)，发表在同意意见(Concurring Opinion)网站上。

大卫·M.斯科弗(David M.Skover)是西雅图大学法学院的弗雷德里克·C.陶森德(Fredric C.Tausend)宪法学教授。他在联邦宪法、联邦管辖、大众传播理论和第一修正案等领域教授课程、写作和演讲。

斯科弗毕业于普林斯顿大学伍德罗威尔逊国际和国内事务学院。他在耶鲁法学院获得了法律学位，当时他是《耶鲁法杂志》的编辑。此后，他在康涅狄格州联邦地方法院和美国第二巡回上诉法院担任乔恩·奥纽曼(Jon O.Newman)法官的法律助理。除了与罗纳德·柯林斯合著本书外，他还与皮埃尔·施拉格(Pierre Schlag)合著了《法律推理策略》

(1986)。

柯林斯和斯科弗共同创作了《话语之死》(1996、 2005)、《莱尼·布鲁斯的审判：美国偶像的衰落与崛起》(2002、 2012)、《狂躁：愤怒和暴行的生活》(2013)、《异见：它在美国的意义》(2013)、《金钱至上：麦卡锡的决定》、《竞选财务法》和《第一修正案》(2014)、《法官：26条权谋的教训》(2017)。他们合著的许多学术文章在多种期刊上发表，包括《哈佛法评论》、《斯坦福法律评论》、《密歇根法律评论》和《最高法院评论》等。《莱尼·布鲁斯的审判：美国偶像的衰落与崛起》(修订版和扩充版)、《狂躁：愤怒和暴行的生活》、《异见：它在美国的意义》、《金钱至上：麦卡锡的决定》和《法官：26条权谋的教训》已经有了电子书形式。

主编序

彭诚信

前段时间，一篇名为《谨防法学研究的人工智能泡沫》的文章广泛流传并引发热议。其实，学术同行间或也会讨论我国人工智能法学研究是否真的存在学术泡沫。某种质疑或反思声音在社会上的出现，往往事出有因。2016年被认为是我国人工智能研究的元年，相关数据显示，仅仅一年的时间，2017年人工智能法学研究的论文就已井喷。但不可否认，人工智能法学研究在我国毕竟是一个崭新的学术热点，多数学者也是初涉该领域；更为关键的是，我国乃至世界范围内实际发生的人工智能案例又着实太少，这些原因导致当下人工智能学术研究缺乏针对性且不够深入。然而，我们也不应扩大这些不足，认为整个有关人工智能的学术领域都存在泡沫。

相反，只要我们承认互联网时代已经到来，人工智能时代的到来就不可避免。因为在互联网世界中产生的数据、信息，犹如虚拟世界中的阳光、空气与土壤，孕育出了人工智能的果实。当下人工智能已经渗入工业、商业、医疗、金融、交通、法律、军事等各个领域，型构了人类生活的人工智能图景，这些应用具体包括人脸、语音识别在内的智能防控系统，外科机器人在内的人工智能辅助医疗系统，无人机、无人车、无人艇在内的自动驾驶系统，各种智能生活工具、智慧城市系统的设立等。在这样的背景下，法律人如果回避人工智能的学术研究，便等于是对现实生活的无视。实际上，目前诸多企业对人工智能的研究与开发已远远走在理论研究者前头，这更应引发学界正视人工智能法学研究。

正是基于这一紧迫的时代情势，"独角兽法学精品·人工智能"第二辑继续推介国外法学学术精品，期待通过持续努力，能够为人工智能的法学学术研究提供有益素材，为"谨防法学研究的人工智能泡沫"作出实际贡献。

一

本辑是"独角兽法学精品·人工智能"的第二辑，在第一辑出版三部译著的基础上，本辑又精选了三部著作进行翻译，分别是美国学者柯林斯(Ronald K.L.Collins)和斯科弗(David M.Skover)教授的《机器人的话语权》(王黎黎、王琳琳译)、以色列学者哈列维(Gabriel Hallevy)教授的《审判机器人》(陈萍译)以及英国学者赫里安(Robert Herian)教授的《批判区块链》(王延川、郭明龙译)。

《机器人的话语权》主要是围绕美国宪法《第一修正案》为什么必须包含并保护机器人表达提供辩护和理由。作者对通信技术及其引发的审查制度进行了历史性回顾，提出机器人表达所传输的是"实质性信息"，即使是机器人发送或者接收的信息，但只要这些信息对于被接收方而言是可识别的，那么这些信息就是交际性言论，而应被视为"言论"。在此基础上，通过"无意图言论自由"规则界定机器人表达具有"效用"价值，从而提出《第一修正案》能够包含并保护机器人的表达。较为难得的是，本书作者特意邀请的几位评论教授也作出了针对性评论，甚至是争论，如格林梅尔曼(James Grimmelmann)教授明确指出将机器人传输视为言论的观点有待商榷，甚至并不正确；诺顿(Helen Norton)教授认为作者提出的"效用"准则也值得质疑。作者对这些评论和质疑作出积极回应：本书关注的是机器人言论表达的潜力；要正确区分《第一修正案》可能包括的活动和受其保护的言论之间的区别；强调"效用"是一种保护机器人语言的概念框架；针对潜在危险，可以通过技术和法律进行功能性解决，同时不影响保护知识的生产者。因此，机器人表达在许多情况下不仅需要被《第一修正案》所囊括,而且也需要被宪法所保护。相信作者与评论者的评议以及针对评议的回应,将有助于读者更为深入且有趣味地了解本书主题。

《审判机器人》是以色列奥诺学院法学院哈列维教授探索人工智能刑事责任的最新力作,并且是用中文在全球首发。哈列维教授是国际社会中较早关注人工智能刑法问题的法学专家,他的系列文章和相关著作在全球学术界已经产生非常广泛的影响。本书试图解决的问题是,随着人工智能在商业、工业、军事、医疗和个人领域的使用日益增多,如果人工智能系统对人类社会造成损害,现有的刑法制度该如何应对? 哈列维教授的答案十分明确:在世界各国现有的刑法体系中,追究刑事责任都要求事实要素和心理要素;对于这两种要素的要求,人工智能都能够符合,因此其可以承担刑事责任。对人工智能的刑事处罚,也与自然人一样,涵盖死刑、自由刑、财产刑、社区服务、缓刑。他同时强调,人工智能实体承担刑事责任,并不减少涉案自然人或法人的刑事责任,根据不同情况,可以通过间接正犯、可能的后果责任机制等对其予以追责。据此,哈列维教授阐述了一个关于人工智能刑事责任的综合性法学成熟理论,从现有刑法中识别并选择出类似原则,提出针对多元情形下各种自主技术的刑事责任的具体思考模式,并通过列举人工智能现实应用场景中可能发生的犯罪案例,据其理论作出了相应解答。

《批判区块链》一书在肯定区块链颠覆性的基础上,对目前的区块链"生态系统"进行了多层次批判。作者认为区块链的应用并未惠及普通民众,而只是大企业赚取钱财的工具。从这个角度上而言,区块链偏离了设计者的初衷。国家对区块链这个新业态的发展,基本上持观望态度,目前针对区块链的规制模式亦因此主要表现为民间模式。由于缺乏国家力量的推动,区块链为全民服务这个目标难以实现。作者认为,为了实现"区块链向善"的目标,应该杜绝"区块链技术万能论"这种错误观点的炒作,加强对普通民众的区块链教育,同时建议政府提前介入,引导区块链走向促进社会福祉的道路上来。

整体来看，本辑既有从宪法话语权视角对人工智能体(机器人)言论问题的讨论，也有从刑法视角对人工智能体犯罪问题的研讨，更有从政府管制或政治经济学视角对区块链规制问题的审视。与第一辑集中于人工智能私法具体问题的讨论相较，本辑三部译著的立意更为宏大与高远，两辑相应和共同构成了人工智能法学研究的多维视角。这也从另一个侧面说明有关人工智能的研究已经渗透到更为广泛的法学领域，如果不是全部的话。

二

三部译著宏大理论视野中体现出来的观念与理论分歧，仍在提醒着学界切莫忽视有关数据、信息及人工智能等基础理论研究，因为所有争论在某种意义上都可归因于相关基础理论的模糊甚至缺失。

《机器人的话语权》是有关机器人话语权应否适用《第一修正案》的争论。其要点在于，在越来越多具有语音或语言功能的机器人中，其表达是法律上的言论，抑或仍为机器人处理和传输的数据？ 如果构成言论，那是谁的言论，是机器人自身，还是公司、公司员工、数据源、用户或其他对培训数据作出回应的用户的言论。总结说，核心的法律问题是，机器人能否作为独立的法律主体？ 其表达内容是言论，是算法，抑或是数据的表现形式？ 只有清楚了这些基本问题，才能更好地讨论机器人的话语是否适用《第一修正案》。

尽管哈列维教授在《审判机器人》一书中的观点明确而肯定，即人工智能体符合承担刑事责任的事实要素和心理要素，也可跟自然人一样，也可被处以死刑、自由刑、财产刑、缓刑、社区服务等各种刑罚；法律并可根据具体情况，依据间接正犯或其他可能的后果责任机制，令相关的涉案自然人或法人承担相应的刑事责任。但具体到机器人的犯罪构成与刑罚承担，还是有诸多问题需要深入讨论。例如，应如何判断机器人犯罪事实构成中的行为要件以及故意或过失心理要素？ 是判断具体机器人的行为或心理，还是判断算法设计者或机器人生产者的行为或心理？ 当依据间接正犯理论判由机器人或相关自然人或法人分别承担刑事责任时，应如何确定机器人与相关自然人或法人的法律关系？ 对于诸如正当防卫、紧急避险等免责事由的判断，对人工智能系统应如何认定？ 所有这些疑问涉及的核心问题依然是，机器人能否以及如何作为法律主体？ 如何认定机器人的意志与行为？ 机器人与算法设计者、机器人生产者的关系如何？ 上述问题不仅涉及法律，而且也涉及伦理学、工程学等多学科知识。

《批判区块链》一书尽管形式上讨论的是政府对区块链的管制，甚至论及了政治与社会经济政策问题，但实质上，该书却触及更为深刻的有关数据与人工智能的核心基础理论。应该说，区块链(更广意义上的智能合约)当中所有的数据都应该是公用的，亦即区块链上的数据皆应为公共数据。在此基础上，区块链事后记录不能被更改或删除，唯此方能确保区块链的永恒不可变性，这被认为是区块链最令人满意的特性。区块链所谓的透明度创造和信任能力的培养都是基于该特性产生。但 2018 年 5 月欧盟《一般数据保护条例》(General Data Protection Regulation， GDPR)的颁布，尤其是其中个人数据删除权(被遗忘权)的赋予，与区块链的设计原则相冲突，并从根本上动摇了这一特性。因为在区块链环境中，其体系结构的设计目的就是要在技术上防止个人数据的删除或擦除。若承认并严格遵守个人数据删除权制度逻辑的话，则要建立实施解锁链(undoing chains)机制，区块链透明度的创造以及培养信任的能力便会从根本上发生动摇，其永恒不可变性自然也会因此消解，甚至可以说区块链的生存环境便不复存在。由此提出的更为核心的法律问题是：在区块链环境中谁来控制个人数据？ 个人数据本应属于谁、应由谁来控制？这是《一般数据保护条例》与区块链争论的关键问题。要厘清这些问题，就必须回到人工智能法学研究的基础问题上来，即须从数据、信息以及隐私的基础理论说起。

三

数据是一种资产或资源，有观点甚至认为，如果数据(尤其是在网络空间中)不让人(含企业法人、非法人组织等)自由利用的话，便是一种道德上的恶，因为它阻碍了数据以及人工智能产业的发展，也从根本上阻碍了互联网社会的发展。这种观点尽管凸显了网络数据的积极价值，但却忽视了任意使用数据(信息)的潜在危害，尤其是数据中包含个人隐私的话。包含个人隐私的数据若被他人任意使用，不仅会损害人的尊严，而且也会造成人在社会上更大的不自由；这不仅违反了法律，也是更深层道德意义的恶。因此，在法律上厘清数据、信息以及隐私的关系便尤为重要。

(一) 何为隐私？

我国《民法总则》同时规定了隐私和个人信息，但并未界定两者的具体内涵，由于这一立法格局在未来《民法典》中也几乎也不会发生变化，因此正视并科学界定隐私与个人信息的区分便成为法释义学上的一项重要任务。互联网时代的到来催生了社会对个人数据与信息流转的迫切需求，也倒逼法律对个人隐私范围作出相对明确的规定，从而为数据、人工智能产业的发展清除模糊区域、扫除相关障碍。

隐私在我国法中的应然内涵应当采取狭义理解，即主要是关涉自然人自然存在与社会存在的在自由与尊严方面不愿为他人所知的信息，如关涉性的取向与选择、基因等信息。既然我国《民法总则》同时规定了隐私与个人信息，那么隐私便不应被个人信息所包括。学界通常使用的敏感信息与非敏感信息等术语，并非严格规范意义上的法律术语。法律上的隐私与敏感信息的关系也远非清楚，因为若敏感信息仅是对《民法总则》中个人信息的分类，那这种分类本不应涵盖应然意义上的隐私内容；反过来，若敏感信息可包含隐私内容的话，那这种分类便混淆了

《民法总则》中隐私与个人信息相互独立的界限。这也是我国学界和实务界混淆隐私与信息内涵的其中一个具体表现。

隐私权的人格权定性无论是在理论界还是实务界，几乎没有任何争议。狭义的隐私内涵与严格的人格定性也决定了隐私不能自由交易和公开，哪怕权利人同意，也不能任意处分，因为它关涉人在社会上自由与尊严的基本存在样态，法律必须要严加保护。无论现实社会对数据的利用有多迫切，数据与人工智能产业的发展也不能突破法律底线：即自然人的隐私权利不容任何方式或理由予以侵害与妨害。

(二) 何为个人信息?

在对隐私采狭义理解的基础上，个人信息应是去除隐私之外作为独立保护客体的信息。对个人信息的这一界定尚有若干要点需要明确。第一，有关个人信息的法律属性是人格利益还是财产利益的争论，尽管有多种观点，但将其界定为人格利益属性还是相对更为合理。因为信息多属于人的社会属性，是人的社会存在形态的体现，而人格便是人的社会存在基础，即自由和尊严。把信息界定为人格利益，体现了对人的社会(包括虚拟世界)存在样态的尊重。个人信息的人格利益定性并不妨碍个人信息中包含财产属性。把隐私跟个人信息严格区分的主要目的之一，便是要让个人信息可以为他人利用。也就是说，信息主体可以将其个人信息行使商品化权或公开化权的方式为他人(含法人等主体)利用，只不过要征得信息主体的同意以及其他法律的外在限制。

第二，至于被界定为人格利益的个人信息如何被利用，现在讨论的核心问题是事前征得信息主体的同意，实践中发展出了所谓的"三重授权许可使用规则"。依据这一规则，开放平台方直接收集、使用用户数据需获得用户授权，第三方开发者通过开放平台 Open API 接口间接获得用户数据，需获得用户授权和平台方授权。然而，这种同意模式一则对信息控制者与使用者来说很不效率，而且信息主体的同意内容也不尽相同，为保证信息主体同意相同内容与提高效率，那也只能通过格式合同的方式。这无疑会大大增加信息控制者与使用者的成本，且在发生争议时也难以起到应有的风险防范作用。在根本上，这种同意模式也并没有实现对信息主体应有的基本尊重与利益保护。信息主体或是不得不同意；或者即便同意也得不到应有的利益保护，甚至有时交出去的是个人信息，换来的却是伤害，如大数据杀熟、算法歧视、预测性识别等现象的存在。可见，一对一的事前同意规则并不符合网络社会发展的客观要求与应然逻辑。因此，需要予以强调的是，对于个人信息的利用，即便是以个人同意为前提，但也要设计出一种既能符合互联网社会要求，又能体现尊重与保护信息主体利益的现代而科学的同意方式。

第三，掣肘个人信息使用的深层矛盾不在于个人信息的定性(无论是否定性为人格利益，都可以让渡)，也不在于同意规则的设计(人类总能设计出更为理想的同意规则)，而在于如何让个人信息所有者在最低程度上不受到侵害，在中级程度上得到信息利用者所得利益的分配与分享，在终极意义上感受到对自由与尊严的尊重。经常有人说，个人信息在单个人手中并无价值，而只有通过收集、加工与整理等过程，其价值才得以彰显。但这并不能证成让信息所有者放弃其个人信息的正当性，一个人不看电视，并不能证成放在其家里的电视可被他人随意取走。上述观点更不能证成信息加工者任意、无偿取得他人信息的正当性，何况这会给信息加工者带来利益。尤其是当信息加工者通过大数据的整理，反过来又侵害无偿信息提供者时(如大数据杀熟现象的产生)，就更具有"恩将仇报"的意味。因此，如何设计出能让信息提供者切身感受到信息利用的制度红利，或许是解决当下个人信息使用现存矛盾的关键，如通过设立特定税收、基金或信托方式，均不失为一种新的探索途径，但关键是这些税收、基金、收益的使用目标与路径，能让信息提供者获得制度红利的反哺。在这个意义上，除了隐私，没有不可让渡不可利用的信息，关键是利益分配方式。这种利益分配(直接表现为个人信息的价格)未必是信息控制者、利用者与信息所有者之间谈定，而是应通过符合互联网社会发展的应然制度设计。我们有必要再次强调，让信息提供者感受到制度红利，未必是利用者与信息提供者之间通过合同买卖来实现，或者本不应通过此种途径实现，而是可通过宏观的分配制度间接实现信息提供者利益的保护。

第四，对个人信息主体予以尊重的法律途径是赋予其特定权利，比如同意权、知情权、查询权、可携带权、删除权(被遗忘权)以及红利受益权等，其中有些权利名称(如红利受益权)主要是在描述意义而非在法律规范意义上使用。这些权利的具体实现可通过各种更为实效的符合互联网络思维的路径来实现，比如同意权的设计，即需要突破现行的一对一签约形式；知情权、可携带权的范围也要进行准确界定；删除权与区块链的矛盾也要从根本上解决；而红利受益与分配制度，更要通过多元的制度相配合等。

(三) 何为数据？

尽管《民法总则》也同时规定了个人信息与数据，但从个人角度来看，个人数据与个人信息难以实际区分，或者说两者在本质上应该是相同的。如果一定要从信息学技术意义上把两者区分开来，将数据(date)界定为以0和1二进制单元表示的信息，数据就是以适合通信、解释或处理的形式表现的可复译的信息，国际标准化组织(ISO)即采此定义；而信息即指在特定上下文中具有特定含义的关于特定对象(例如事实，事件，事物，过程或想法，包括概念)的知识。然而，这样界定的个人数据难以具有法律意义，具有法律意义的实为信息。当我们在法律内部谈论数据时，主要不应站在个人的立场。而现在在世界范围内，站在个人立场设计的相关法律文件，无论使用的是个人数据，还是个人信息，在本质上都是个人信息。

其实，数据概念主要是为信息主体之外的数据控制者、加工者与利用者所使用，对于这些主体而言，他们拥有的客体仅为数据。尽管在这些数据中也包含众多主体的个人信息，但由于数据经加工已对个人信息进行脱敏、加密处理，该信息已不再跟具体个人发生关联，所以可把他们整理、交易的客体称为数据。

数据主要体现为财产属性，可以为数据主体自由交易，为他人利用。但数据毕竟在本质上是众多个人信息的整合或集合，只不过经过脱敏等技术使得信息与其主体无法或不能直接发生关联。因此，一定要尽力避免数据交易的法律风险，即一定不能泄露、侵害他人信息与隐私，否则就会有承担民事、行政乃至刑事责任的法律后果。这也决定了数据与个人信息的具体法律关系，必须要由法律专门作出相应规定，比如对信息加工、脱敏的具体要求，如何设计个人可携带权、知情权等权利类型与具体保护方式等。

厘清数据、信息与隐私等概念的基本内涵与法律界限，是讨论虚拟空间中各种法律关系的前提，也是讨论人工智能如何健康发展的前提。正是在此意义上，数据才是人工智能的阳光、氧气、土壤与食粮，是人工智能得以存在的前提。而数据若要成为人工智能的养分，那还必须通过光合作用(即算法)来完成。

四

目前，具有全面思考能力，能够自主从事创造性劳动的通用人工智能体尚未出现，更不要说超级人工智能体了。所以，我们讨论的还仅是单一功能的专用人工智能体，如人脸、语音识别功能、自动驾驶功能、单一医疗诊断功能等。算法也主要是依附于人工智能体所要发挥的具体功能来设计。算法的复杂程度取决于人工智能体所欲实现功能的精细度与准确度等因素。复杂算法的实现则取决于具体算法层次以及各个层次之间的相互关联。算法做到何种程度的层级划分以及实现何种程度的关联，人工智能体才具有深度学习能力，完全是技术问题。法律主要关心的问题是，一旦人工智能体具有深度学习能力，法律则极有可能确认其与自然人相似、相同或甚至超越自然人的意志能力，而将其作为法律主体对待。当人工智能体具有意志能力并有深度学习能力的时候，此时的算法已经摆脱了人的控制。当人工智能体摆脱人为设计的算法控制之后，才是真正意义上的人工智能体，也将成为法律主体；当下的人工智能体还主要是表现为智能工具、智能产品，在法律上一般还是应作为客体对待。

在算法为王的大数据环境下，基于数据驱动的人工智能自动化决策常常表现出算法"黑箱"，算法解释和监管问题因而浮出水面。否则，内含算法黑箱的人工智能产品由于偏见势必对现实世界造成很大的价值观冲击，极端情况下甚至会引发新的社会治理矛盾与危机。问题是，如何能够实现算法的可解释性？

首要路径是算法透明。然而，对于专用智能体，要求设计者或研发者公布其算法是否具有正当性？ 如果法律强制算法公布，又当如何对算法进行审查？ 实质审查还是形式审查？ 其实，如同自然人的出生，谁能要求公布自然人的产生密码？ 又是如何能够做到必须公布？ 对于人类的产生主要有两大理论：一是上帝造人，另一个是进化论。无论遵循哪一观点，人类一旦产生，我们即不能了解彼此的想法，外人无从知悉我正在思考什么。尤其是当人工智能体有了深度学习能力之后，试图让算法透明更是无从实现。在此意义上，尽管在技术上可以进行各种克服黑箱的尝试，但人工智能体的算法黑箱在本质上已是一种客观存在。

客观存在的算法黑箱是否就无法控制？ 答案显然是否定的！ 就像自然人一样，尽管个个都有自主思考能力，但仍受法律的控制，途径就是课以法律责任。对于人工智能体也同样如此，即便存在算法黑箱，也可以通过课以法律责任予以控制。问题是如何设计出妥适的责任分配机制，是让人工智能体自己承担责任？ 还让其背后的研发者、生产者、销售者、使用者等主体承担责任？ 还是若干主体之间共同承担责任？ 若让人工智能体独立承担责任，此时人工智能体就像公司一样成为独立的法律上的人。当特定股东利用公司为不当行为时，法律利用"刺破公司面纱"制度否认公司人格，从而追究有责股东的责任。同样的，当人工智能体利用算法"黑箱"为侵害行为乃至犯罪行为时，法律也应否定人工智能体的人格而追究那些有意设计或生成恶算法的特定主体的责任。此点跟哈列维教授在《审判机器人》中的观点非常近似,即人工智能体、算法设计人及其他相关主体可各自承担相应的刑罚。问题是,若人工智能体自身创造了"不良数据"、"不良算法"造成对他人的侵害该怎么办? 法律责任应该如何设计? 此种情形,刑事责任或者可以让人工智能体独立承担,或者该问题的讨论因过于遥远已无实际意义。因为我们所讨论的人工智能体的意志能力(如果有的话)仍旧位于自然人之下,即属于弱人工智能(即机器智能)的情形。如果其意志能力大于或等于自然人的话,即社会已处于通用人工智能体或强人工智能体时代,自然人或最多只能与人工智能体共处,或自然人已经成为通用人工智能体或强人工智能体的客体。用当下自然人的理解去讨论那个时代的问题,可能不合时宜。

五

算法"黑箱"提出的问题本质是,如果人工智能时代真的到来,人类仅靠技术、法律能否理想地解决人工智能体引发的社会问题。一个假想的问题是,若人工智能时代真的到来,我们希望通用人工智能体或强人工智能体是什么样的人? 希望他们会为那时的社会带来什么? 期望人工智能体与自然人的法律和伦理关系应该怎样? 我们希望人工智能体是魔鬼,还是天使? 即便人工智能体成为恶魔,那也恰是自然人自己创造的,是自然人自己喂它含有"魔鬼 DNA"的数据以及恶的算法造成的。算法是人工智能体的魂灵,若要使之具有天使般情怀而非魔鬼般恶毒,设计算法之始就应包含尽可能完善的法律规则与尽可能崇高的伦理规则,如此才会尽可能确保人工智能体作出正确选择。

人工智能体所有功能的实现,都是通过算法并利用数据加工的结果,数据因此成为人工智能体得以存在的阳光、雨露、空气、土壤与食粮。人工智能体能否健康发展与成长,或许会受其产生土壤、呼吸空气以及入口营养(即数据)质量的影响。如果人类希望人工智能体具有天使般情怀的话，就应该让人工智能体在未受污染的土壤中生长，呼吸没有雾霾的纯净气体，饮食含有"天使般 DNA"的健康食粮。一句话，人工智能体依附的数据要健康。所谓健康的数据就是一定不能包含侵害他人隐私的数据，须是经得信息主体知悉同意并有效脱敏加工的数据。

在互联网世界中，数据是一种资源，也是资产，应该且能够为人类所共享，只不过此种共享应该受到法律与伦理等规则的限制。最重要的是要把这种追求公正的法律规则与追求善的伦理规则嵌入算法之中，让人工智能的发展不但有健康的外部生长环境，更要有天使般的内在心灵。这不仅需要融合技术、逻辑、统计以及控制理论等科学知识，更要融合法律、伦理、哲学等人文情怀，将基于科学知识的人工智能、包含人文情怀的人工智能附加于数据驱动的人工智能之上，才是人工智能发展之正途。

再一次予以强调的是，人类为谋求所谓的经济发展，曾对自然生态环境尝试采用先污染后治理的方式，这也已经让人类受到了足够教训与尝尽苦头，且在一定程度上也在减损着人的自然健康与生命存在。伴随着互联网络社会的到来，无论人类为谋求所谓的数据经济及人工智能的发展，对于数据、信息的利用有多么迫切，提出何等全面的正当性论证，但为了人类在终极意义上的生存，对于关涉人之自由与尊严的隐私绝不能采用先自由使用后严加管理的方式，否则，后果将不堪设想。应然法律意义上的数据可以相对自由地予以利用，但要避免其中存在的法律风险；应然法律意义上的个人信息尽管也都可以为他人利用，但要受到法律相对严格的监管与控制；应然法律意义上的狭义隐私，无论如何都不能为他人利用，法律会予以绝对保护。如果个人信息，尤其是隐私，能为他人自由利用的话，这就不仅仅涉及某一个体的自由与尊严问题，也不仅仅涉及国家安全问题，更为重要的是，它已涉及人类的基本安全问题，涉及人能否在最终意义上存在的问题。当人没有或不再在意最后一块遮羞布的时候，再讨论其他已经毫无意义！

六

人工智能时代的到来让人类兴奋，但缘何又让人类极度担心，甚至焦虑？个中原因除了人们担心的个人隐私、信息等个人尊严受到侵害之外，最为关键的是人类恐其自由意志被人工智能所控制。

意志自由是人类的本质，但现实中人无时不被外因所操控，情感、虚荣、荣誉等，都是干扰自由意志的外在因素。一个小小的奖励，一个虚荣的头衔，一次荷尔蒙的骚动，都可以影响人们的意志。这些原本可以为人类所控制的东西，很多时候都不能控制，甚至无意识地被外力牵引。这也促使我们不得不思考，人类的意志能否避开由算法驱动的人工智能体的影响？人工智能发展带来的各种理念变化、价值观选择，在某种程度上也很有可能，甚至很容易植入人类的意志，使得人类的生活轨迹逐步发生偏离。多少有些可悲的是，人类的自由意志始终难以摆脱被操控的命运，而科学、技术的进步与成熟，却又在加重人类的这种宿命。人类自己能否摆脱这一宿命，意志自由到底应该由谁决定与掌控？我们或许永远不得而知，但我们至少可以提醒自己，尽最大可能保持自我，不要偏离生命的底线。

对于人工智能体，亦当如是：我们要时刻提醒自己尽量在人工智能算法中预设尽可能完善与崇高的法律与伦理规则，方有可能使人工智能在未来以天使之心对待人类。《机器人是人吗？》一书正文最后一句话说的也是这个道理："如果我们把机器人当成人类一样对待，它们也会使我们更具人性。"用天使般的心彼此对待，人类与人工智能体才能互不伤害，也才能各自放飞自由意志，实现人类之尊严。这或许就是数据、算法、人工智能体与自然人的应然法律与伦理关系。

上海交通大学凯原法学楼

2019 年 7 月 4 日

观 点

评 论

回　应

推荐序

信息技术的发展以及人工智能时代的来临给法学研究提出了全新的课题。如机器人可否取得公民身份？索菲亚(Sofiya)是由中国香港地区的汉森机器人技术公司(Hanson Robotics)开发的类人机器人，2017 年 10 月 26 日，沙特阿拉伯授予其公民身份，这是历史上首个获得公民身份的一台机器人。索菲亚看起来就像人类女性，拥有橡胶皮肤，能够表现出超过 62 种面部表情。索菲亚"大脑"中的计算机算法能够识别面部，并与人进行眼神接触。如果说在技术上机器人已经实现了"类人化"，但在宪法学意义上，智能机器人应当成为具有一个国家国籍的公民主体吗？沙特阿拉伯的经验具有普适性吗？更值得关注的问题是，机器人应当享有公民权吗？有言论自由吗？本书的核心是美国宪法《第一修正案》是否应该包括及保护机器人言论以及法律如何处理机器人表达与言论自由的关系问题。并试图回答以下问题：有关机器人的通信是"言论"吗？基于美国宪法《第一修正案》的目的，算法数据是"言论"吗？由人工智能产生的交流有哪些价值？如果有的话，言论自由理论的传统范式在哪些方面可以应用于机器人表达？面对这样的机器人表达，人类可能会面临哪些言论伤害？机器人通信的效用是什么呢？它是否会促使我们作出法律和文化上的让步？同时本书作者邀请的评论家对本书的内容作了不同的回应，有赞同和支持，也有反对和否定。

王黎黎博士现于大连海事大学法学院博士后流动站从事宪法行政法专题研究，邀请我作序。我自感以自己有限的知识难堪此任，于是通读了本书的译稿。得益于原著洒脱的写作风格以及精彩的翻译，本书让我耳目一新，既解答了长期困扰我心中的疑惑，又引发我新的思考。如关于语言与文字的关系问题。语言更具有现场情境的交流性，这就是苏格拉底的对话式辩证参与法(oral dialectical engagement)及其述而不著排斥文字的原因。但吊诡的是，苏格拉底的对话是柏拉图用文字记录的(孔子与苏格拉底一样述而不著，《论语》这一对话集是由孔子的弟子及再传弟子记录整理的)。虽然"口述的有生命的语言变成了手写的无生命的文字"，但"一旦使用文字，语言则会势弱"，这也许是历史的趋势吧。当然本书最引人入胜的是对主题的探讨：宪法对传统言论自由的保护范围是否应该扩展到计算机的算法输出和由机器人处理和传输的信息？很显然，作者是持肯定态度的。为此，作者对传统宪法学言论自由理论进行辩驳，提出"无意图言论自由"的概念，认为："从宪法的角度来看，真正重要的是，接收者将机器人的言论视为有意义的、潜在有用的或有价值的。从本质上讲，这是对机器人和接收者交流的宪法认可。"作者还进一步提出了新的效益准则，即实用优先准则。即有价值的言论是我们用来让生活变得可能和快乐的言论，这种言论并不依赖于某种启蒙原则。本书预言，传统的宪法言论自由的理论将被改写，智能机器人将开启言论自由的新的时代。

罗纳德·K.L.柯林斯(Ronald K.L.Collins)和大卫·M.斯科弗(David M. Skover)两位学者针对机器人表达的问题共同编写了《机器人的话语权》一书，现在本书被翻译成中文版，对我国人工智能法律领域的研究提供了全新的视角。阅读完本书，读者可能并不一定赞同作者的观点，但是至少本书会引发读者针对人工智能机器人表达问题的进一步思考。作者及评论者为读者展现的是当机器人表达与言论自由交叉碰撞时，应当如何进行思考以及如何针对这些问题提出实践解决方案。他们的观点不是总结性的论述，而是一个新的起点，一个启发我们进行实质性讨论的新开始。

每一次技术进步，法律都要接受新的挑战，从而迎来更加热烈的学术讨论。希望阅读本书后，法律人再次拿起法律的武器，捍卫人工智能机器人表达领域的公平与正义，最大限度地使法律成为功能性的解决途径。

王世涛

大连海事大学法学院教授，博士生导师

致　谢

我们每个人都有理由怀着深深的感激之情去思考那些点燃我们内心火焰的人。

——阿尔伯特·施韦策(Albert Schweitzer)

《机器人的话语权》的完成要感谢很多人的努力,是他们点燃了我们的智慧之火。我们在此深表感谢。

首先也是最重要的:如果没有瑞恩·卡洛(Ryan Calo),这本书永远不会被概念化。他通过教学、写作和对话,使得我们开始思考机器人世界。随着时间的推移,让我们想到了机器人的表达和言论自由。从这个意义上说,瑞恩就像其他很多人一样,他的灵感影响了我们。

其次是剑桥大学出版社的编辑约翰·伯杰(John Berger),他多年来一直相信我们的图书项目,并再次全力支持这项工作。感谢他和整个剑桥大学出版社的制作团队。

我们还要感谢我们的老朋友、编辑和出版商亚历克斯·卢伯托齐(Alex Lubertozzi)。我们很幸运地在2002年认识了他,当时他编辑了第1版的《莱尼·布鲁斯的审判》。从那以后,他的出版社相继出版了排名前五的书籍,例如第2版的《莱尼·布鲁斯的审判》(2012)、《狂躁:愤怒与暴行的生活》(2013)和《金钱至上:麦卡锡的决定》(2014)。亚历克斯对这个项目的帮助是无价的,因为他为《机器人的话语权》设计了精美的书籍封面,并协助手稿的制作。亚历克斯,和你在一起真是太棒了!

同时,也要感谢我们可靠的图书馆研究员——西雅图大学法学院的

1

凯利·库什(Kelly Kunsch)和华盛顿大学法学院的玛丽·惠斯纳(Mary Whisner)及其同事们。

本书第二部分的早期版本于2015年5月在亚利桑那州斯科茨代尔举行的2015年新兴技术治理会议上发布。感谢那次会议的组织者选择了我们的论文作介绍,并感谢参与我们工作的与会者。

最后,但并非不重要的是,要感谢我们的评论员——简·巴伯尔、瑞恩·卡洛、詹姆斯·格林梅尔曼、布鲁斯·约翰逊和海伦·诺顿。他们对我们工作的富有挑战性的评论极大地增加了这本书的价值。通过他们的筛选和权衡,促使我们在更高层次的分析中更好地解释和辩护我们的论文,并且使我们的读者能够看到可能针对《机器人的话语权》的第一层次之外的评论。

观点

序言：技术和通信

词语被赋予功能性。你很快就会发现，这种陈述具有丰富的历史、哲学、技术、法律和宪法意义。然而，我们却忘记了这一点。就像鱼儿视水为理所当然一样，我们对于能够促进交流的技术也习以为常。正是对通信技术基础的认识，指导了我们对机器人和言论自由的讨论。正是这种让人大开眼界的意识——既具有历史意义，又具有未来感——指出了在先进技术世界中思考自由表达的新方式。在谈到这一切之前，必须先谈谈显而易见的事物以及我们如何交流。

这是一个可以追溯到几千年前的问题：如何展示人类的声音和视觉，使它们跨越距离和时间。口头语言的原始世界受到面对面交流的限制。这种交流在很大程度上局限于它所表达的时间和地点以及它的直接接收者。需要技术来放大和传输人类的声音和视觉，以便使信息能够传播给更多的听众。当然，同样重要的是需要保存这些信息。在这方面，技术再次使通信的保存成为可能。技术至少还促进了另一项重要的交流功能：它使人类的思维拓宽了知识的领域，并在此之后与无数其他人类(包括在世的和尚未出生的)共享这些信息。在所有这些方面和其他方面，技术使得突破口头的限制成为可能和可行的。

公元前 3200 年左右，在书写发明之前的美索不达米亚、埃及和中国，人们是如何交流的？如果我们把交流的时钟拨回到 4 万年以前，回到用数字"书写"的早期(例如，用木头、骨头和石头雕刻的用来记录物品的刻痕)会怎么样？还有旧石器时代的洞穴壁画，可以追溯到大约同一时期所有这些早期交流形式的共同之处在于，它们并不依赖口头表达来传达信息。它们都使用了一些技术来做标记——一些工具与原始的"艺术"或"科学"形式结合使用。例如，技术赋予某些信息一种永久的形式(例如，在印度尼西亚岛屿洞穴中发现的具有 35400 年历史的类似猪的动物画)，或者它允许信息远距离传输(例如，古埃及象形文字被放置在纸莎草或木头上)。其他原始的通信系统促进了更多的大众通信(例如，烟雾信号或鼓声)。在数学、科学和哲学写作方面，技术给交流领域带来了更多的东西：它改进和扩展了知识的领域，从而使得这些知识可以被他人利用和分享。

这些古老的技术(无论是石头、标志还是烟雾)的作用是扩大和丰富交流与思维过程。在这些方面，技术对通信至关重要。因此，通信的发展与技术密不可分。当然，我们进化史上的重大飞跃是印刷术的发明，它彻底改变了一切，从人们如何理解他们的世界到如何理解他们的上帝。后来，电报、电话、电影、广播和电视技术进一步扩展了知识和交流的发展范围。万维网和数字化信息的出现(可以在从电脑到平板电脑到手机的一系列交流平台上获得)给生活、法律甚至文明本身带来了前所未有的变革。

这是不言自明的：每当一种新的通信技术带来革命性的变化，无论是政治、宗教、经济还是社会秩序都会受到新的威胁。有些威胁是真实存在的，有些则是想象出来的。有些伤害是严重的，有些则是微不足道的。一些伤害虽然严重，但会得到容忍，因为这些技术的总体效益远远超过其成本。换句话说，交流技术的效用性对我们的日常生活如此重要，以至于我们不能没有它们。

此外，技术与通信的关系引发了许多相关的问题：法律如何适应通信中的这种变化? 它是否给了这些变化持久的动力? 它是如何试图监管它们的? 为了对抗新的通信文化，它在多大程度上采取了审查制度? 最后一个问题至关重要，因为审查制度长期以来一直在追踪新兴技术的发展。如果一种通信媒介其影响范围是大规模的，其结构基本上是分散的，其传递过程是即时的，其信息是具有革命性的，那么审查(以任何形式)肯定会随之而来。

这就是本书所关注的所有背景问题，即机器人交流及其与我们系统中的言论自由的关系。探索这个领域就是要问更多的问题。基于《第一修正案》的目的，算法数据是"言论"吗? 由人工智能产生的交流有哪些价值? 如果有的话，我们言论自由理论的传统范式在哪些方面可以应用于机器人表达? 鉴于这些问题的答案，非常重要的是，在这样一个勇敢的新技术世界里，我们可能会面临哪些言论伤害? 而且机器人交流的效用是什么呢? 它是否会促使我们作出法律和文化上的让步，否则我们会认为这些让步是不能容忍的，或者更糟，甚至是不人道的?

最后，我们对约翰·弥尔顿(John Milton)的《论出版自由》(1644)和我们自己的《机器人的话语权》进行了哲学上的比较。前者为印刷技术辩护而反对审查制度，而我们的研究将机器人的交流技术置于《第一修正案》所规定的自由范围内——所有这一切都让人充分意识到，有必要在令人信服地显示出这种直接和严重损害的情况下限制这种自由。

正如我们的目标所示，本书的叙述简明扼要、范围适中。当然，我们可以(也将)说得更多。现在，重新思考通信和技术之间的关系已经足够了。

让我们开始调查吧。当你的眼睛扫过我们的文字，准备回到口头世界，一个口语编码和传输信息的世界。想想看：即使在口语世界里，没有某种形式的技术，交流还能存在吗? 问这种关于古代交流形式的认识论问题，就是把人的思想倾向于未来和机器人科学的发展。

第一部分：通信的进步及其带来的危害

　　　　柏拉图在他的《斐德罗篇》(Phaedrus)中讲述了一个古老的神话。这个古老的神话阐释了技术和通信之间的关系，揭秘了新的表达方式如何在促进人类知识进步的同时，侵蚀语言的表述习惯和传统的思维方式。在新旧的权衡过程中，政府的倾向是保护传统，而不是新兴技术。

　　柏拉图谈到，在古埃及诸多神祇中，有一位叫塞乌斯(Theuth)的古神，他有诸多发明，其中之一便是文字。塞乌斯将他的杰作呈现给埃及国王萨姆斯(Thams)，力劝萨姆斯向其属民传授书写的技艺。塞乌斯解释说："大王，这种学问可以使埃及臣民更加聪慧，能改善他们的记忆。"萨姆斯未为文字之父对其发明的盛赞所动，他认为："学习这种技艺的人，遗忘会植入他们的灵魂，他们不再运用记忆，他们会依赖文字。他们不再依靠自己的内在回忆，而是借助于外在的来自他处的符号。"为了进一步阐释这一观点，萨姆斯论证了文字对智慧的提升"徒有其表"，这是因为，文字让他的子民"见闻颇丰，却未给其恰当的授业解惑，臣民错认自己知之甚多，而大多数情况下他们却一无所知"。[1]

　　就我们而言，这个神话有多层意义。从表层看，它揭示了塞乌斯发明了文字，这是通信方法的重大改变，它把口述的有生命的语言变成了手写的无生命的文字。基本上，国王萨姆斯认为，文字不仅是方便记忆的方法，它更是与人类使用者不相关的技术。一旦使用文字，语言则会处于弱势。"语言屈从于文字，因为文字是自觉使用的工具。"[2]

除此之外，此种人工技术不同于探索和认识世界的传统方式。史官凭借记忆传承思想、政治、社会、文化方面的口述历史。当文字记录更加准确、高效和持久时，记忆这种技艺便相形见绌了。诚如在柏拉图的《对话录》中苏格拉底所强调的那样，科技有得亦有失。人们赏识苏格拉底的对话式辩证参与法(oral dialectical engagement)，但不必刻意回避他对文字的抨击。即便如此，我们认为，柏拉图是使用文字重述这个埃及神话，并重申苏格拉底对此神话的看法，在这个意义上柏拉图对塞乌斯的发明是抱有善意的。文字具有功能性价值，这比绝对地遵循口述方式更为重要。显而易见，柏拉图与他的老师发生了分歧。

从这一层面出发，在王权治理领域柏拉图可能被认为不合时宜。根本上，萨姆斯强烈反对文字技术，这能够合理解释审查制度。阅读和书写一旦普及，国王的臣民便被赋予了独立思考的能力，他们很可能不再尊重口述传统的统治权威。很有趣，我们要讨论的是对传播媒介的审查而不是对传播信息的审查。

阅读下文时，需要牢记以下六点：第一，在人类事务中，新通信技术不仅影响信息的传播和保存，而且改变信息的认知和加工；第二，任何有效的新通信模式都有可能威胁既存秩序；第三，对危险的预期很可能助推某种审查制度产生；第四，某种信息是否产生危害与所选择的通信方式密切相关；第五，一种新技术最终能否在生活和法律中盛行，更多地由这项技术的功能所决定，而不是它是否会维护既存秩序；第六，一旦新的通信领域发展到极致，便不会重走旧路。接下来我们会说明，长久以来我们重视表达自由，为什么在机器人时代它会终结以及如何终结。

7

一、 克服口语通信的弊端

首先看词语，进一步说也就是口语。当然，这么说并不确切。提到口语就假定了存在某种我们称之为语言的通信方法。语言也许只是口头上的，也可能并不尽然。例如可视符号(如烽火传信)或是听觉符号(如击鼓鸣金)，是原始社会的通信形式。方便起见，为了表达清晰，我们把语言表达限定为口语通信，以便我们更好地理解它的缺陷。

有效的通信必须能跨越距离、超越时间、逾越不确定性带来的障碍。在无其他辅助的情况下，纯粹的口述很难满足以上要求，我们需要辅以更多的方法或者技术。我们按如下思路思考：例如俗语有助于提升记忆，进而减少语言的不确定性，同样，擂鼓这种技术有助于缓解远距离交流造成的困难。有鉴于此，人类克服言辞弊病的轶事写就了有关通信演进的鸿篇巨制。这一进程改善了交流、扩展了知识，但却威胁着一些传统习惯。正是这些传统习惯造就了人们口口相传所形成的口语社会。借助于印刷术(无论是不是数字技术)，让我们来揭示口语文化的一些特征。

如我们所描述，初级口语文化主要是建立在口头语言而非其他表达技术之上的通信文明。柏拉图创作《斐德罗篇》之前的数千年至之后的2100年，口语文化始终占主导地位。公元 11—17 世纪，读写能力备受推崇，方言的书面使用盛行，而在此之前口语文化一直占据优势。在口语文明世界中，交流与知识更具这些倾向——习俗性、地方性、参与性、仪式性、适应性和语境性。

前文字社会主要依靠惯例和仪式(包括宗教仪式)进行交易、处理社会关系。[3]例如，在书面文件用于法律转让之前，交易当事人交换象征性物品或参加仪式，用来表明交易关系并让证人作见证。如克兰奇(M.T. Clanchy)教授所言：

证人听到捐赠者说给予并且看着他交换象征性物品,比如一把匕首或者是土地上的草皮。此类举动的目的是让所有在场的人都能记住此桩交易。如果事后发生纠纷,就不得不求助于证人回忆。[4]

无论仪式是否包括伴随转让树枝、草皮、手套、指环或者是触碰祭坛布、铃铛绳的口头背诵,[5]但最长久的措施仍然是鲜活的记忆。口语文化依赖代际记忆保证交易安全。"因为记忆的拥有者生存的时间越长,记忆保存得越持久,所以合同当事人往往在子孙陪同下展开交易。"[6]视觉和口语的戏剧性效果赋予仪式以重要意义。

在前文字社会中,口头仪式在解决争端方面也发挥了不可替代的作用。例如,公元6—10世纪,北欧和西欧的部族采用"宣誓免责制度"(trials by ritual oaths)替代血仇制度(blood feuds)解决家庭和宗族之间的冲突。[7]对立双方在公众集会前交换誓词,提供亲属或是邻居的证词作为"本证"。作证的人被称为"助誓者"(oath helpers)或"证誓人"(compurgators),他们同样要背诵誓词。哈罗德·伯尔曼(Harold Berman)教授把宣誓称作是"口语社会"的法律语言。"所有的誓词均采用诗歌形式,充分使用头韵。诗歌和戏剧元素使法律语言优于日常用语。"[8]

日耳曼民族同样有通过宣誓进行裁判的公众集会制度,这一制度发表被称为"判决"的口头声明。[9]这种"判决"不是现代意义上的法律,然而它却确定了部族的合法行为。在冰岛语系国家,"法律长老"(lawspeaker)被认为是最高行政长官,他每年要宣布一次不成文的行为准则。[10]前文字社会的其他一些国家,专业的"纪事官"(remembrancers)担任同样的角色,那就是保存和传诵奇人轶事及风土习俗。[11]

人们的日常习惯和行为准则由惯例认可,被仪式确认,凭纪事官记述。"人们惯常的生活方式以不成文的传统形式代代相传。"[12]进化性、集体性与相对的参与性是习俗的天然属性。[13]不成文行为规范的生成,源于普通民众的社会关系模式,而非官方有意制定的规章制度。不成文习俗"与人类历史长河中的生命活动休戚相关"。[14]

9

不成文传统随生活方式而变，与其后靠手写或印刷记录下来的社会秩序相比，它们没有那么严格。尽管口语文化具有形式主义[15]和排他[16]的特性，但适应性才是它的主要特征。民俗依靠记忆和重复实践得以保留，不记载、不读诵使其具有了一定的可塑空间。[17]"由记忆保存下来的史实是灵活的、与时俱进的，因为没有一个古老传统会久于最年长智者的记忆。"[18]中世纪意大利律师亚祖(Azo)指出，"十年或二十年内形成的传统，我们称为长久；三十年前开始盛行的传统，我们说其非常久远；如果是四十年前风靡的传统，我们则称其为古老"，[19]这一阐述暗示了传统具有不稳定性。所以，我们把法律长老或纪事官看作是专业的历史学家是不合时宜的，因为他们不客观地研习或讲述过去的事实。[20]口语社会里，记忆是保存传统的唯一措施，其成员可以把一些较新的信念和实践认定为是古老的习俗。[21]

在习俗具有创造力的环境中，[22]不成文传统是"鲜活"的，它有区域性、适应性和语境性。由于没有书面文本，习俗便反映和承载了部族的共同目标。基本上，不成文传统的其他重要特性均来源于它的语境性：在以口语方式进行认知、交流时，形成了习俗、仪式，生成了参与性及适应性，它们反映并塑造了民众的共识。

以上种种，最核心的问题是，口语文化国家极其依赖技术克服记忆的缺陷，并以此保存、传播他们的主流文化。个体记忆极有可能不准确，多人记忆又很可能混乱冲突，仅凭此点记忆无论如何也是不堪重任的。更何况，法律长老、纪事官是事实的守护者(truth-keeper)，口语文化中的重大纪事及行为准则是由他们赋予其合法性的。在此意义上，事实守护者是社会中高价值信息的附着载体和媒介。通过掌握记忆这种方法，事实守护者实际上就是一种人类的技术。如此，事实守护者的概念验证了"科技"(technology)一词的词源——techno 是技术、手艺或技巧的意思，logy 是讲话或交谈的意思。换句话说，"科技"指谈话的技艺。

任何重要的传播媒介都有权力的特质。多样化的媒介产生的权力也是多样的，但它们却有一个共同的主题，即传播媒介具有影响和形塑人们世界观及交流方式的能力。对口语社会来说，政治、宗教、社会史实的概貌主要由事实守护者决定。由于他们被赋予了如上能力，对与其相矛盾或相左的事实，他们可以置之不理甚至厌塞众议。他们充当传播介质，因此他们可以掌控信息。

斗转星移，口头通信方式被誊写或手抄方式所取代。尽管如此，口语文化仍经久不绝。这揭示了通信史上的重要经验——新旧媒介，其主导地位可以更迭，但新媒介却不能完全取而代之。要强调的是，口语文化的精髓在于它完全是人类之间的互动。它发生在人与人之间，是面对面、声传声的，是实时发生、声情并茂的，而且与其后的通信方式相比，它没有那么抽象。此外，口语文化授予少数人传承其神圣的民俗神话的权力。

口语文化有种浪漫的特质——它的形式彰显人文气息。正是这种特质，使口语文化的捍卫者总能强而有力地批判新生的通信方式。抄录技术产生之初，口语文化的信徒指望苏格拉底捍卫他们的事业。数世纪之后，仍有人追随苏氏先哲的脚步。而他们首要的敌人是抄书吏——一种新的事实守护者。

二、手抄文字

它起始于 1297 年 10 月 12 日，其序言和条款由羽毛笔书写完成，用中世纪拉丁文写在一张脆弱的羊皮纸上。大概 3500 个字，连续写满 68 行，这些字占满整个篇幅，页面没有任何留白。

当然，上面文字描述的是著名的《大宪章》——1297 年爱德华一世国王重新签发的版本。这个版本的正式副本由文秘署首次登记，作为官方颁布的文本，列在最早的《文秘署法定卷档》(Chancery's Statute Rolls)之中。今天，这个手抄本被存放在华盛顿特区的国家档案馆里(《大宪章》的原始版本可追溯到 1215 年，第一个机械印刷版出现在 1508 年)。[23]

11

坎特伯雷大主教(Archbishop of Canterbury)最先起草了自由宪章，目
的是使不得民心的约翰国王和他的反叛贵族和平共处。这在当时意义重
大，正是这样的协议对王权形成了限制。虽然它不是鲜活的例证，但它
的确证明了某些权利必须得到保障，并且国王已经承认应尊重这些权
利。所以，"任何自由民，皆不得被逮捕、监禁、没收财产、剥夺法律保
护权、流放，或加以任何其他损害；除非经贵族合法裁判或依国法判
决，自由民不受不利对待或攻击"。

《大宪章》的故事代表了抄录技术史上的辉煌时刻。其承诺的合法
性不依赖于某人的记忆；内容的有效性不由纪事官或法律长老的参与来
保证；只要保存抄书吏的复写本，国王便不能否认它的存在。在这些方
面，甚至更多地，它使口述文明的捍卫者们无言以对。显然，《大宪章》
之前早就出现了抄录技术。从 3500 年前苏美尔人发明第一部手稿[24]到
15 世纪中叶发明"活字印刷术"，[25]时间跨度大概有 30 个世纪。这段时
间内抄录技术逐渐流行，许多文明社会从口语文化转向功能性的书面
文化。

为了更充分认识抄录方式，全面理解它的优缺点，我们有必要了解
其基本特征和重要意义。[26]当事件或惯例以书面形式型构(enframed)，[27]
会发生这样的事情：它的术语被具体化、明确化和持久化了。书面形式
的框定，限缩了口语记忆回溯往事时产生的不稳定性。[28]

在这个过程中，作者和读者彼此分离，交流变成了独白而不是对
话。也就是说，作者在遣词造句时，读者无法与其互动。所以，也便失
去了苏格拉底所珍视的对话性参与(dialogic engagement)。让事情更加复
杂的是，读者在阅读过程中要理解词语，他将自己的意思融入文本中，
这与作者的观点可能一致，也可能不同——坎特伯雷大主教没有在场解
释《大宪章》中模棱两可的术语。

尽管有这些缺点，抄录技术并非乏善可陈。重要的是，作者与读者
相互分离使信息传播可以超越时间、跨越距离。书面文字这种时空扩张
性，使信息传播得更加久远，远胜于口语文化的传播能力。采用有形形

式，信息的传递可以跨越希腊、罗马帝国以及加洛林王国和英国的广袤国土。[29]简洁性决定了远程口令的有效性，而有赖于书写，大量复杂的命令得以被传达。同样，文学泰斗，其信息以书面形式流传到新的国土，他的观念比口语通信时期传播得更加广泛。

此外，文字本身是人造产物，它是具体的，并转化为需要解读和研究的事物。[30]誊写文本可以详尽讨论一个涉及复杂思想的话题，并提供缜密的论据。事实上，数学、科学、法律、哲学和宗教等学科，由于有了对抽象概念的描述、讨论和辩论，促使其知识可能产生重要增长。

12

无论怎样，抄录方式是不民主的。只有富有和学识渊博的少数人才能写作；只有享有特权和识字的少数人才能阅读；只有精英和幸运的少数人才能拥有一本写满字的对开本。从这个意义上说，知识的进步依赖于少数人，就像它依赖于口语文化中的事实守护者一样。但随着誊写文化的扩张，抄书吏的数量随之增加，他们所传递的信息越来越丰富。结果，亵渎上帝或诽谤他人的作品被焚毁，其作者受到惩罚，有时被施以火刑。

一旦文字作品产生影响，哪怕是抄录技术刚开始流行，惩罚性审查便紧随而至。苏·卡利·詹森(Sue Curry Jansen)教授指出："早期苏美尔和埃及文明中出现了文字符号的审查制度，中国从一开始就对象形文字的结构建立了严格的社会控制。"[31]早在公元前443年，罗马人就开始利用和审查这种技术。"尽管奥古斯都不是第一个审查文字的人，但他是西方第一个编纂法律来禁止诽谤性或污蔑性作品(libelli famosi)的统治者。这部法律使公开燃烧书籍合法化。"世纪更迭，罗马的审查制度在其法律体系中愈加根深蒂固。图密善(Domitian，公元51—96年)统治时期，文字审查发展到了历史顶点。图密善"下令将历史学家赫莫杰尼斯(Hermogenes)钉死在十字架上，理由是他的著作诽谤了皇帝"。如果说惩罚严厉了，那是因为令人厌恶的媒介放大了冒犯皇权的信息。利用文字审查，图密善把"死刑适用到任何贩卖赫莫杰尼斯著作的书商。藐视皇权的书籍，其销售被切断了"。[32]

　　总之，统治者和权力代理人开始认识到，有效的信息管理要求掌控影响人们世界观及政治观的通信方式。然而，此种思维方式不囿于保护世俗统治者免受被统治者的书面批判。当神圣罗马帝国(Holy Roman Empire)将教会组织和国家机构合并时，任何宗教作品若偏离其教义，都是审查人员的审查对象。当某一版未授权的福音书可能威胁既存的宗教统治权时，教会审查制度便开始像世俗审查制度那样发挥作用。由此产生了禁书目录(Index Librorum Prohibitorum)。1559 年，教皇保罗四世公布了第一个版本的禁书目录，其中列出了一系列被判定为异端、反宗教或不道德的违禁作品。令人震惊的是，它的效力一直持续到 1966 年。[33]

　　对抄录时代审查制度的简短回顾，一方面明确显示出，冒犯性信息无论针对个人、政治、宗教还是科学，通常都会引起惩罚性的回应。另一方面，审查制度着力管制媒介，这点可能没那么明显。新媒介，比如誊写技术，给文化模式带来重大变革。古罗马时期及其前和其后的审查员，对这方面了如指掌。他们知道，文字作品不仅对既定秩序产生新的威胁，并且，信息是嵌入日常生活和社会现状中的，人们处理和评估这些信息的方式同样遭到威胁。此种崭新的思维方式，存在于口语时代和印刷时代的过渡期。

　　文字通信赢得了时间和距离的优势，能够固定信息并变自身为研究课题，然而文字的保存形式——手抄本却对其产生了限制，它无法完全取代口语通信去处理多种多样的社会事务。副本数量少，使用人群分散，仅凭手抄文字诸多领域无法触及。考虑到誊写法律、王令、宗教教义的时间、劳力、成本等诸多因素，仅靠手抄本不能有效率地复制、固定信息。除此之外，只有当读写能力不限于有限人群时，手抄文字才是集体意志的抽象反映。简单来说，抄录时代能够开启变革，但无法完成变革。改革只能由印刷时代来实现。然而，"重要的不是书写渗透到口语文化的程度，而在于它是大势所趋"。[34]

三、 印刷革命

有一种技术传达了上帝的意旨，人们却习以为常。即便如此，《古腾堡圣经》(Gutenberg Bible)这几个字仍被连在一起使用，这有些不可思议。上帝的声音纡降为拉丁文字，这些文字被打造成金属活体字块，涂上浓厚的墨水，印在羊皮卷或纸张上。举世震撼！ 上帝的意旨被装订成两卷，共 1286 页。讽刺的是，印刷时代之前和之后的很长时间里，人们都认为书写技术是撒旦最有力的工具之一。与之形成鲜明对比，在 15 世纪中叶，这种技术却被描绘为上帝的机械侍女。它是一种媒介，有赖于此，上帝意旨以前所未有的形式宣讲布诵。尽管如此，黑暗天使终会要求回报，当他这样做时，印刷技术便沦为恶魔的工具，一种亵渎上帝的天降之物。

15 世纪，活字印刷术引入西方文明。早先，这一时期被誉为人类历史上的辉煌时刻。[35]据说，约翰内斯·古腾堡(Johannes Gutenberg)曾言，"这些铅字和印压的完美组合，代表了印刷术对手抄技术的最初胜利"。[36]并且，它明显消除了口语通信捍卫者的忧思愁虑。很快，印刷术的发明引发了一场革命——"古腾堡革命"，[37]这一命名恰如其分。最重要的是，印刷术的发明成为了"改革的动因"。它是一场巨大的革命，不仅重塑了宗教、法律和政治，而且"改变了全部的学习形态"。[38]别忘了，弗朗西斯·培根(Francis Bacon)宣称，这项新技术"颠覆了整个世界的表象和状态，这要求历史学家对'古腾堡发明'的效力、影响及后果予以重视"。[39]

传播媒介的变革促成了宗教改革。马丁·路德(Martin Luther)时代天主教没落，古腾堡印刷机的发明对其起到极大的推动作用。在德国威登堡，路德在教堂门上张贴其对天主教罗马教皇的不满。当时，他无法预料其思想会以印刷术为媒介，如病毒一样传播。事实上，六个月后路德

14

向利奥十世教皇说明情况时，表达了惊讶和困惑。"我的观念传播甚广，对我来说简直如谜一般。"[40]尽管如此，"(路德的)行为仍是历史性的，据估算，此后三年，他的著作售出超过三十万份"。[41]正如历史学家 A.G.狄更斯(A.G.Dickens)所描绘的那样，"路德教从一开始就是印刷制品的产物，以印刷术为媒介，路德能够给欧洲人留下严谨、恪守规范和不可辩驳的印象"。[42]在这个世界上，教皇和牧师(后世的事实守护者)的语言不再是神圣的试金石。信徒借助《圣经》印刷本与他们的上帝互动，并理解上帝。

印刷机不仅点燃了宗教改革之火，而且开启了文艺复兴和启蒙运动之路。书籍上架得越多，在市场上碰撞的思想就越多。德尼·狄德罗(Denis Diderot)和简·达朗贝尔(Jean d'Alembert)编纂了不朽巨著——《百科全书：科学、艺术、工艺详解辞典》(Encyclopedie ou Dictionnaire Raisonné des Sciences, des Arts, et des Métiers，以下简称《百科全书》)。它空前绝后，是涵盖人类知识所有分支的学科概要。它有力地改变了人们惯常的思维方式，是基于印刷术产生的知识大爆炸的典型例证。《百科全书》包含了法国最杰出学者的贡献，一些当时最伟大的作家对其进行大力宣扬。弗朗索瓦·伏尔泰(François Voltaire)这样称赞这部巨著："人类正处于伟大的思想革命的前夜，你们(狄德罗和达朗贝尔)最应该为此承担责任。"[43]

一般来说，当事件或活动被印刷记载时，无论它是宗教上的或是世俗间的，会产生如下现象。第一，印刷术使人脱离现实生活体验，把人们限制在印刷页面的范围内。文章的边界界定了"事实"，因此"事实"被封闭起来并与外部隔离，印刷文本便掌控了事情的来龙去脉。第二，印刷文本通过使人类体验去个性化来控制其环境。排印前要选定题材，并使其免受各种干扰的影响："(印刷)文本上的内容与生活相隔绝，与变化相分离。"[44]第三，一旦选定了印刷题材，随之就要对这些题材进行分类和管理。术语表、索引、目录、章节标题及分章标题、集结信息并为之排序的脚注等，这些是印刷制品的特征，它们构成了所选主题的抽象特性。印刷信息，取决于所使用的概念而不是鲜活的事实，更加依赖于人们从印刷页面上看到的而不是来自页面外的所见所闻。

不足为奇的是，印刷制品的这些特征与手抄文本相似。因为，如下所述，印刷术使誊写技艺的潜力得到升华。事实上，这一升华是对手抄时代知识储备和文化习俗的革旧布新。在这方面，沃尔特·翁(Walter Ong)教授敏锐地指出："新的传播媒介强化了传统媒介。然而，在这一过程中，传统媒介也变得迥然不同。"[45]印刷术避免了手抄文本的弊端，其优势得以发挥到最大程度。首先，最重要的是，通俗语言出版物使大众传播成为可能。印刷制品是大众传媒介质，它被提供给普罗大众。印刷技术不依赖于有限的抄录者和手抄稿，所以它可以在无限的时间和地点，为无穷的读者提供复制文本。而且，由于印刷术摆脱了抄录者的失误，即便反复翻印，印刷信息仍是更加统一、一致，因而更加可靠、真实。[46]最后，印刷术的经济因素使其制品更加民主，作为其前身的抄写技术从未实现这一点。

15

在法律再认识过程中，印刷制品将其特性展现到极致。15世纪80年代的英国，威廉姆·德·马齐里纳(W. de Machlinia)开始印行法律文件。当时，他是一个默默无闻的印刷出版商，但最终荣升至著名印刷商之列，威望如同理查德·佩恩森(Richard Pynson)和约翰·拉斯特尔(John Rastell)一样，后者是托马斯·莫尔(Thomas More)的内兄。[47]英国人用拉丁语和法语印刷首批法律文本，因为本土的英文还不是英国法律的官方语言。议会立法在1485年首次公开发行，采用的是英语形式。随后的半个世纪，即都铎王朝早期(1485—1535)，大英帝国经历了法律的"英语化和印刷化"。[48]1534年，罗伯特·雷德曼(Robert Redman)出版了《制定法汇编》(The Great Boke of Statutes)和《大宪章》，印刷刊发了由都铎王朝回溯到1225年的成文法。[49]

在印刷时代，案例法由普通法案例报告人使用，如詹姆斯·代尔(James Dyer, 1537—1582),[50]埃德蒙·普劳顿(Edmund Plowden, 1550—1580),[51]爱德华·科克(Edward Coke, 1572—1616),[52]詹姆斯·布罗

(James Burrow, 1756—1772)。[53] 16 至 18 世纪形成了一批有关案例法和成文法的旷世之作，如，圣德(St.Germain)的《神学博士和普通法学生之间的对话》(1523、1530)、[54] 科克(Coke)的四部《法学总论》(1628—1642)[55] 以及威廉·布莱克斯通(William Blackstone)爵士的《英国法释义》(1765)，[56] 同样地，印刷术使其更加系统化。有趣的是，即使是布拉克顿(Bracton)在 13 世纪的手写体《札记》也未获得如同其 1569 年印发版的权威地位。[57]

印刷术相对于口语通信及抄录技术有诸多优势，让我们看看当时最著名的一部法案——1677 年《英国防止欺诈法》(English Statute of Frauds)。[58] 在它的序言中提到，[59] 有些法庭宣誓的口头证词，其背后隐藏着欺诈行为，这部印刷法案便针对于此。[60] 鲜活的记忆规则让位于无生命的印刷规则。根据该法案，即使有二十位敬畏上帝的主教提供证词，[61] 也不能挽救口头契约、动产口头继承或土地口头转让的效力。"口头言辞为假，书面证词则真"，此法案反映了与印刷时代相关的法律观念：法律不承认未固定在纸面上的"事实"。这是一个形式至上的世界，然而，在这样一个理论僵化的世界，《英国防止欺诈法》及时制定了诸多例外规则，这并不奇怪。[62]

英国法律文案的印发，使更多的律师、法官掌握了更多的议会立法、法典、制定法、案例报告和专著。如此，鼓励了更多的诉讼，八开本的法律文卷在国土内更加广泛地流传。换言之，公开颁发的法律其规则是确定的，印刷术增强了人们对此类规则的信赖，削弱了对口语通信可变记忆和习俗相对不确定规则的使用。[63] 印刷文字巩固了法律至上观念及与其相关的价值——书面命令的一致性、可预测性、普遍性和可分析应用性。印发法律具有系统的范畴和抽象的概念，强调独立的逻辑分析。威廉·布莱克斯通爵士是英国法理学的守护神，他成为典型的"印刷信徒"——冷静、严谨理性、痛恨扞格不入，也就不足为奇了。[64]

约翰·根斯弗莱希·祖姆·古腾堡(Johann Gensfleisch zum Gutenberg)首次在德国美因茨印刷了著名的《古腾堡圣经》。其后 300

年，民诉法庭首席法官查尔斯·普拉特·卡姆登(Charles Pratt Camden)宣称："如果是法律，我们可以在书中找到它，若找不到，它就不是法律。"[65] 18世纪的英国法学家视这一观念为法律信条，即法律不存在也不可能存在于印刷记录之外。到了18世纪，人们只模糊地记得15世纪发明的印刷术开启了崭新且激进的文化。

这种模糊的记忆无疑完全忘记了印刷文化到底是多么激进。作为新技术，在其产生早期便支配了宗教及政治领袖。1520—1529年间，英国印刷了550本书，1540—1549年为928本，数量几乎翻了一番。有鉴于此，可以说英国的图书产量突飞猛进。16世纪下半叶，越来越多的印刷厂涌现出来，书籍和小册子的印刷数量节节攀升。大量天主教徒和清教徒严厉谴责伊丽莎白一世女王，抨击她1559年的宗教兼容政策，相应地，政府加深了对出版业壮大的担忧。基于审查印刷媒体的立场，威斯敏斯特的星室法院(Star Chamber's Decree)颁布了1586年的法令，将伦敦的图书产业集中起来，限制印刷出版商的数量。"1651年，伦敦出版商的数量固定在22个，唯一获准在伦敦市区以外可以印刷的是牛津大学出版社和剑桥大学出版社。"[66]

16世纪上半叶，法国同样出现了以技术为中心的审查制度。吕西安·费弗尔(Lucien Febvre)教授和亨利·让·马丁(Henri-Jean Martin)教授生动地叙述了法国法院对出版管制政务的司法干预。

> 查尔斯九世1563年法令，要求每本书在出版前都要有许可证，这使他掌握了所有新书的控制权。当然，许可证只能根据审查员的建议授予。审查员起初由索邦神学院的神学家担任，后来在17世纪变成世俗官员。在版权条例的保护下，法国国王和其他采用这一制度的欧洲君主，密切关注图书的印刷出版。

此外，路易十四国王统治时期，政治家让·巴蒂斯特·科尔伯特(Jean Baptiste Colbert)于1665年至1683年担任法国财政部长，"为了禁止

17

盗版书籍和地下作品的传播，他果断控制了官方授权出版商的数量，并将它们全部集中在(巴黎)"。[67]

这两个例子对我们有重要意义，阐释了审查这样一种出版业的管控方式。不容置疑，印刷时代见证了诸多针对异端、煽动性或诽谤性文学作品的惩罚性政府行为。这些行为或是指向出版物本身(采许可证或禁书目录形式)，或是指向其作者或出版商(采检控或宗教迫害形式)。然而，重要的是，星室法院 1586 年法令和科尔伯特部长的计划均是以媒体为中心的——控制获批印刷商的总数并限制其所在的地理位置。这些政府命令限定了出版的地点和方式(如同时期美国法规定的一样，允许对言论发表和新闻发布进行管制，限制其时间、地点和方式)，政府通过直接管理印刷出版业间接控制了书籍的内容。

纵观印刷时代历史，我们必须看看美国 18 世纪出版审查制度上一个最臭名昭著的案例。这是有关本杰明·巴赫(Benjamin Bache)的故事。作为必要的叙述背景，让我们回顾一下言论自由演说史上的著名片段。

> 出版自由对自由国度的本质属性来说必不可少。但表现为不对出版施加事先限制，而不是在出版时免受刑事追责。任何自由人都真正有权在公众面前发表自己的观点；禁止这样做，就是破坏出版自由。但是，如果他发表了不恰当的、恶意的或非法的言论，他必须为自己的冒失行为负责。[68]

这些观点出自威廉·布莱克斯通爵士的《英国法释义》，与几个世纪以来对手抄文字和出版印刷的管制是一脉相承的。不必顾虑既有约束，人们可以把自己的想法印刷出来，并在人群中传播，这是一种激进的观点。再看看布莱克斯通的陈述："任何自由人都真正有权在公众面前发表自己的观点。"设想一下，异端邪说可以出版，颠覆性文章可以印刷，诽谤性言辞可以发表，任何领袖(世俗的或精神的)都可以被谴责或嘲笑，而不必担心出版发行被叫停。的确，印刷出版商在违法后可能

会受到处罚，但即使有了这一重要限定，布莱克斯通对印刷技术的捍卫　　　18
仍被视为新兴自由的重要组成部分。

　　仅几十年后，布莱克斯通的理想在美国宪法《第一修正案》中得到
了体现——国会不得制定任何限制出版自由的法律。对于一个新兴国家
来说，这条法令无前例可循且显得激进。它标志着在人类史上，一个国
家的最高法律首次明确地保护一项技术——印刷术。这不仅是言论自由
的关键点，而且人们认识到，虽然前所未有，但却有必要对推动语言和
思想发展的技术施以保护。美国和法国大革命证明，这项技术可能会助
推政权更迭。尽管如此，詹姆斯·麦迪逊(James Madison)和他的宪法同
僚们仍设法将这一激进的观念塞进了《权利法案》中。

　　《权利法案》传阅本上的印刷墨迹还未风干，本杰明·巴赫(1769—
1798)便对布莱克斯通的观念和麦迪逊的理想进行了一场测验。这个费
城的印刷商出版了《奥罗拉》——一份反联邦主义报纸，专门攻击乔
治·华盛顿(George Washington)和亚历山大·汉密尔顿(Alexander
Hamilton)以及他们以外交政策为名所实施的一切行为。巴赫尖酸、刻
薄、卑鄙、好管闲事，难以约束、粗俗又时常心胸狭窄。他对联邦制拥
护者的批评既无情又严厉。《美国公报》是一份支持联邦制的报纸，它
的编辑约翰·芬诺(John Fenno)回击道："巴赫先生似乎对诋毁华盛顿的
名声不亦乐乎。"

　　巴赫不受任何干扰，决心利用手中的媒体力量谴责其政治对手，如
果可能的话，将他们赶下台。因此，当华盛顿总统离职时(有人说是因
为巴赫)，《奥罗拉》的编辑将他的枪口调转向约翰·亚当斯(John
Adams)。他这样描述他所厌恶的总统——"衰老、易怒、秃顶、眼盲、
跛脚、豁齿的亚当斯"。阿碧格尔·亚当斯(Abigail Adams)对攻击她丈夫
的人怒目相向，在她眼里，攻击者卑鄙无耻又背信弃义。她曾经向姐姐
玛丽·克兰奇(Mary Cranch)倾诉过："刚过去一天就在巴赫的报纸中出现
了如此粗俗下流的语言。人们常常注意不到，也漠不关心，但它与任何
一种邪恶行为一样，有腐蚀普通人道德的倾向。"她强调说："无法无天

的原则自然会产生放荡不羁的行为。"

1798 年 7 月 14 日，约翰·亚当斯签署了臭名昭著的《外侨及煽动叛乱法》(Alien and Sedition Acts)，主要是为了处理本杰明·巴赫及他的反联邦主义同盟。这项法律规定："任何书写、印刷、发表或出版虚假性、诽谤性或恶意性文字的行为，若针对美国政府、美国国会、美国总统，意图对其诽谤或使它们遭受蔑视或名誉毁损，意图激起美国良民对他们的仇恨，意图在美国引发骚动，或意图促成不正当合作以反对、抵制美国法律，都是犯罪行为。"其制裁是："不超过 2000 美元的罚款及不超过两年的有期徒刑。"正如杰弗里·斯通(Geoffrey Stone)教授的研究显示，"此类法律是联邦主义者(和美国政府)对异己者的宣战"。

讽刺至极，不容我们忽略的是：仅仅几年前，宪法对新闻自由给予保护的那个国家，现在正忙于剥夺这个自由。不愿等待亚当斯在《外侨及煽动叛乱法》上签字，联邦检察官于 1798 年 6 月 26 日将巴赫送上法庭，指控他触犯了联邦普通法中的诽谤政府罪——通过出版物和再版物以容易引起煽乱和抵制法律的方式诽谤总统和执政政府。

最后，"煽动性的出版商"被捕了，现在他不能再大放厥词。但事与愿违，在被捕后的第二天，巴赫在《奥罗拉》中发誓，永远不会放弃对"真理和共和主义事业"的追求，他"要在有生之年，尽其所能"去实现这一目标。

但一切都徒劳无功。1798 年 9 月 10 日，一个星期一的晚上，本杰明·巴赫辞世，因此对他提起的检控还未审讯便终结了。巴赫离世，《奥罗拉》暂时关停。同时，鉴于亚当斯政府的《外侨及煽动叛乱法》旨在灭敌气焰，反联邦主义者有充分理由担心自己的命运。在 1798 年 10 月 11 日的一封信中，副总统托马斯·杰斐逊(Thomas Jefferson)警告参议员史蒂文斯·汤普森·梅森(Stevens Thompson Mason)，《外侨及煽动叛乱法》"仅是一个对美国人做的实验，测试他们能够在多大程度上忍受公开违反宪法的行为"。在这一实验中，反联邦派的印刷商和政见异己者被额外起诉了两年。

反联邦主义者最终迎来了曙光。杰斐逊在 1800 年的总统大选中获胜，并赦免了依据《外侨及煽动叛乱法》被判有罪的人。这些法律于 1801 年 3 月 3 日失效，《第一修正案》的精神如长生鸟般被重拾，出版自由再次成为法定权利。[69]

当然，保护古腾堡传播媒介及其使用者的斗争不乏其数，这仅是其中之一。它揭示了印刷这一媒介被接受的过程，尽管这一技术对既存秩序构成威胁。毋庸置疑，巴赫和他的印刷厂极其危险。但如果是有效的新媒介，必然伴有这种可能。新通信方法确有益处(而且它们数量众多且意义重大)，它们将重塑我们看待人类社会一切事物的方式。

从更广泛的视角观察审查制度和印刷术之间的关系，我们可以发现，为强化掌权者对影印文字的控制，诸多当局不约而同地采取了共同的策略。詹森(Jansen)教授对天主教会审查方法的思考，巧妙地综合了这些策略。她强调"教会通过颁发执照(出版许可)、颁布禁令(禁书目录)和实施迫害(宗教审判)的形式，来控制文字的传播。但是，恐怖的三位一体策略无法熄灭批判精神"。[70]尽管此类镇压存在于抄录时代，但在古腾堡时期及此后很长一段时间内，它却产生了全新且深远的影响。这些专制的方法旨在打击异端邪说和煽动行为，针对的是复制作品，它们提供给普罗大众，且既经济又便携。

人们赞叹新的传播技术，它带来新的思想、新的价值观、新的世界观，推进通信内涵向前发展。但不必否认也不需回避的是，它对旧有宗教秩序和政治秩序造成了威胁。在从口语通信到誊写技艺再到印刷技术的历史谱系上，变化才是这一领域的真理。变化如幽灵，推动事实守护者对发布观点、传授知识实施许可，从而阻止异端真理的传播。正是这种变化幽灵促使当权者制作禁书目录，正式宣布这些禁书不适合公众消费；正是这种变化幽灵迫使权贵，对胆敢无视"恐怖的三位一体"策略中前两种政令的人施加宗教迫害。

所有这些能表明"批判精神"(不管如何定义)最终胜出了吗？ 几个世纪后，现代西方文明中出版许可、禁书目录、宗教迫害所产生的负面

20

23

效应，是在耻辱中由"批判精神"终结(或降到最低)的吗？ 也许是。总之，印刷术是宗教改革和文艺复兴的宠儿，它在美国和法国大革命中发挥了重要作用。所以，"批判精神"是诸多社会变革运动中的有力武器。尽管如此，我们还可以询问：经济因素、新传媒的功效及其使人们生活日新月异、井井有条、其乐融融的诸多优点，它们起到什么作用呢？ 我们的观点是：提出这个问题并不是要贬损应受褒扬的事物；提出这个问题是基于对实用性和功能性的重视，新传媒通过诸多途径重塑我们的生活，这些途径至关重要，可以阻挡任何倒行逆施。无论多么微妙，正是以上见地加深了我们对言论自由的理解，让我们更加懂得为什么要重视言论自由。

但对我们目前和接下来的叙事来说，这些内容超前了。现在，让我们转向电子文字，看看它如何空前未有地改造世界。这些改变肯定会使苏格拉底抑郁苦恼，使约翰·弥尔顿(John Milton)忧闷烦乱。

四、电子通信世界

电子化，是具有历史意义的变革因素。继工业革命及机械革命之后，它引发了技术革命。归功于亚历山大·格雷厄姆·贝尔(Alexander Graham Bell)、托马斯·爱迪生(Thomas Edison)、阿尔伯特·爱因斯坦(Albert Einstein)、伽利略·费拉里(Galileo Ferraris)、古利埃尔莫·马可尼(Guglielmo Marconi)、高柳健次郎(Kenjiro Takayanagi)、乔治·威斯汀豪斯(George Westinghouse)等人，人类通过电流发现了力场———一种未为前人所知的力量。它一经使用，便给世界带来了曙光(既是字面上的也是比喻意的)，它释放能量，功能包罗万象。重要的是，它使各种各样电子通信成为可能——电报、电话、广播、电视、计算机及其数字衍生品(如互联网)。

电子化释放了通信的普罗米修斯之神。交流更加私人化、大众化，

21

信息传播更加民主，交往目的更加多样，交际的经济条件发生巨大改变，人们对新通信方式的依赖大幅提升，"数据"变成了通信语言的新属性和一般产物。

看看电子媒介的基本形式——纯音频形式(模拟电话、收音机和有声读物)，纯视频形式(电报、数字文本和数字摄影)，音频视频双混形式(电视、电影、录像和超链接电子书)，以及以上形式的计算机组合。总的来说，电子通信模式特性突出，与早期的通信方式明显不同，其诸多性能得到明显改善。

回想一下，印刷方式成功地击败了口语方式，因为它可以使作者与读者相分离，可以将文本与整体语境相脱离。随着电子媒介的出现，前电子通信方式之间的力量对比又开始发生变化。在电子时代，我们将近完成一个循环，电子媒介处于口语通信和印刷技术之间，整合了二者的特点。

首先，电子通信可以即时发生和全球同步。从这个意义上说，它的实用性远胜于手抄术和印刷术，虽然后两者也具有超越时间和空间的能力。例如，电话、收音机、电视和互联网能够实时播报人物、地点或事件，声音、图像或是二者的组合可以从地球的一端传送到另一端甚或更远的地方。

其次，电子媒介可以使声音和移动影像重新合成并嵌入通信模式。虽然手抄稿或复制本可以把分散的人们联系起来，但它却没有口头体验所具有的临场性和互动性。然而，较之单纯文本，通过重新引入听觉和视觉体验，电话(包括智能手机)、电视、电影和计算机视频更充分地调动了人的感官。

再次，电子媒介可以全面展现其报道主题的情境。从这个意义上说，它们克服了抄录或印刷报道的缺陷，前电子时代的技术，使报道更加非情境化。例如，如果手抄术和传统印刷术要充分描写人物、地点和事件，它就要以冗长曲折的篇幅为代价。但是电视、电影和 YouTube 的影像和声音，在动态帧图中瞬间就能建立起报道的情境，比书本上一页或是十几页的描述更加丰富。

最后，电子通信可以使信息具体化。读者必须对手写、印刷的长串字符进行处理和分析，才能理解其文本的宗旨和内容。相比之下，电子报道有视听特性，即使一个听众或观众是文盲，他也能从电子报道中获得感官认知，哪怕这对他来说是一个相对陌生的题材。

电子媒介的构成要素相互作用，形成了一个由口头语言、象形符号和印刷文字进行不同程度混合的综合体。举个例子来说，变动不居的电子书提供了文本与其他文本、影音剪辑的超链接。通过对话、短信、电子邮件和浏览网页，智能手机把我们彼此全天候连接。这种分层现象标志着，在私人通信和大众传媒领域，产生了一种全新的、激进的力量。

书籍的出现和演变促使启蒙运动成为可能。彼时彼地，追求知识与印刷文字之间的关系毋庸赘述。因此，阅读成为必需品，公共图书馆在全国各地接连建立。大革命前期(大约 1731 年)，部分是基于信息共享的考虑，本杰明·富兰克林(Benjamin Franklin)和他的朋友们建立了费城图书馆。到 1833 年，分享书籍和增进知识的思想日渐成风，由此建立了第一个由税收支持的免费公共图书馆——新罕布什尔州彼得伯勒市的镇图书馆。几年后，波士顿紧随其后，建立了自己的公共图书馆。光阴荏苒，公共图书馆在全国兴起，并成为全国(国会图书馆)和各州、县、市的支柱。[71] 至 21 世纪的第一个 10 年，美国大约有 12 万座图书馆。[72] 这些机构将信息公共获取推行到前所未有的程度。

除启蒙理想外，电子通信的应用还服务于其他目的。电视的普及把娱乐推到首要位置。也就是说，比起启蒙原则，新通信技术更好地服务于娱乐追求。毫无疑问，娱乐产生于电视文化，而不是知识。2016 年，排名前五的最受欢迎的节目是《女子监狱》(Netflix)、《生活大爆炸》(CBS)、《怪奇物语》(Netflix)、《欢乐再满屋》(Netflix)、《指定幸存者》(ABC)。[73] 正如媒体理论家尼尔·波斯曼(Neil Postman)教授多年前研究传统电视节目时所发现的："政治、新闻、教育、宗教、科学、体育等涉及公共利益的领域，都能在电视上找到自己的表现形式。"他提醒说，电视"使娱乐本身成为所有此类话题的自然表现形式"。换句话说，娱乐是所有电视主题的超意识形态。[74]难怪这位传播学的杰出学者将他的著作命名为《娱乐至死》，该书是作者有关娱乐致命吸引力方面最知名的论著，基本预测出像唐纳德·J.特朗普这样的电视政治名流所享有的优势。

　　研究电视现象很重要，不仅因为它涉及人们观看的内容，而且涉及观看的时长。到 2015 年，美国约有 1.16 亿户家庭拥有电视，[75]平均来说，居民每周观看电视 35 小时(65 岁以上的人 49 小时)。[76]尽管很明显，电视仍是美国最受欢迎的娱乐消遣之一，但现在大多数美国人每周看"传统电视"(现场直播和 DVR 时移电视节目)的时间似乎比以前少得多。根据 2016 年尼尔森电视收视统计，50—64 岁的成年人，每周全神贯注于电视的时间是 39 小时 54 分钟(五年来下降了 0.5 个百分点)；而被称为"X 世代人"的一代人(35—49 岁)，每周观看 28 小时 24 分钟(五年内下降了 11.6%)。然而，年轻人口的下降趋势更为明显。年龄较大的"千禧一代"人(25—34 岁)，每周观看电视 20 小时 4 分钟(五年来下降了 27.7%，幅度较大)，美国青少年(12—17 岁)每周只坐在电视机前 15 小时 5 分钟(五年来下降了 37.6%)。

　　然而，电视收视率的下降并不意味着某些引以为豪的回归——回到更多的阅读甚至更多的户外活动上。因为有了新的数字通信技术，人们似乎比以往花费更多的时间上网、观看流媒体(streaming services)节目。在电子环境中，视频影视通过手持或腕带设备找到了自己的出路，如平板电脑、智能手机和智能手表，使人们可以浏览来自 YouTube、 Netflix、Facebook 的各种作品，观看更有趣的节目，其中既包括个人制品也包括商业制品。尽管尼尔森智能手机与平板电脑视频统计数据，不涉猎 Facebook 和其他社交应用程序的非视频内容，但它对长视频消费网站(如 Netflix 和 HBO Go)的统计表明，移动设备正日益成为数字媒体消费的首选。2016 年，18—34 岁的普通美国人每周花费 9 小时 9 分钟观看个人电脑视频，每周花费 1 小时 40 分钟观看平板电脑视频，每周花费 1 小

23

时 7 分钟观看智能手机视频。[77]重要的是，这些新技术的效用使它们能够被普及推广：人们可以随时随地获取信息和享受娱乐。

除了电视，互联网是通信技术的主要变革因素。人们对各种信息进行数字化处理，万维网免费提供或以可承受的成本提供数字信息。全球数据以无法想象的方式连接在一起，这是 1989 年英国计算机科学家蒂姆·伯纳·李(Tim Berners-Lee)发明网络之前无法预见的。此后，互联网的总体使用量呈指数级增长。16 年间，全球互联网用户增长了 918.3%，从 2000 年的 3.94 亿增加到 2009 年的 18.58 亿，到 2014 年达到 30 亿，到 2016 年 6 月超过 36.75 亿，占世界人口的 50.1%。[78]兴奋的互联网用户，将这项新通信技术应用到难以计数的诸多领域，包括了从健康到商业、从政治到神学等方面。此种通信技术可以传递丰富的信息资源，信息传播得更快速、更长久、更全面，远超过印刷时期的设想。足以让老德尼·狄德罗(Denis Diderot)感到惊讶和迷惑。

24 重要的是，计算机媒体技术替代了之前的口语通信、手抄术和打印技术，并重新调整其追求目标。自从谷歌搜索引擎轰轰烈烈地进入人们的视野，公共图书馆的印刷文献几近不复存在。随着谷歌图书越来越受欢迎，人们也越趋向于用浏览网页的方式阅读。然而，与其他任何技术相比，数字通信技术的应用更能满足享乐原则，这是空前绝后的。从功能上看(尽管可能并不合法)，数以亿计浏览者打开淫秽网页时激情燃烧，新电子媒介使其变得合法化。曾经需要在破烂的影院或肮脏的书店观看淫秽制品，现在，人们可以在家里或其他任何地方尝试此种情色体验，既舒适又私密，而且往往免费提供。

众所周知，获取最新统计数据的难度很大，尽管如此，最可靠研究仍描述了网络色情使用与人口数量形态的模型。研究发现，大约有 4000 万美国人定期访问互联网色情网站，超过 28200 名用户每秒花费近 3100 美元来浏览色情剪辑和性感照片。在谷歌和其他搜索引擎上，色情图片及影音制品的搜索频率惊人——超过所有搜索引擎查询的 25%，即每天约 6800 万频次。值得注意的是，《赫芬顿邮报》(Huffington Post)报道了一个鲜为人知的事实，这些"网站每月的访问量比 Netflix、亚马逊和 Twitter 的总和还要多"。[79]尽管淫秽制品消费额每年达十亿美元，但此类用户的十分之九却只浏览免费内容。[80]值得注意的是，预计到 2017 年，"将有 25 亿人通过手机或平板电脑访问移动成人节目，比 2013 年增长 30% 以上"。[81]

正因为电子通信的作用受到政治和道德规范的严厉评判，政府总有对其进行管制的冲动。有时这是国家安全的要求，想想从伍德罗·威尔逊总统《1917 年总统令》(President Woodrow Wilson's 1917 Executive Order)("对海底电缆、电报和电话线的审查")[82]和 1917 年的《反间谍法》(Espionage Act of 1917)到 2001 年《美国爱国者法案》(USA Patriot Act of 2001)和 2015 年第 114 届国会的一项提案——要求网络服务商报告任何出现在其网站上的恐怖活动线索。[83]这段时间跨度内，确实有各种联邦、州和地方法律借公共安全之名控制电子媒介。

电子影像使各种禁忌开始蠢蠢欲动，正是这样，另一个受到严厉审查的主要领域便集中在媒体道德方面。在威尔逊总统发布审查令后不久，纽约州采用了一种不同的媒体审查方式——对所有商业播放电影进行预先审查，以筛除淫秽内容。此后不久，有 7 个州对电影实施事先限制，数十个城市采取了类似措施。[84]1952 年约瑟夫·伯斯汀公司诉威尔逊案(Joseph Burstyn, Inc. v. Wilson)中，最高法院以第一修正案为由取消了此类制度，在此之前它们一直保持不变。[85]1934 年《联邦通信法》(Federal Communications Act of 1934)的部分条款也采用了同样的道德观念，[86]禁止任何广播媒体播放"任何淫秽、不雅或亵渎的语言"，[87]其效力被 2005 年《广播电视反低俗内容强制法》(Broadcast Decency Enforcement Act of 2005)强化。[88]在互联网领域，1996 年的《通信内容端正法》(Communications Decency Act of 1996)[89]和 1998 年的《儿童在线保护法》(Child Online Protection Act of 1998)[90]旨在保护未成年人免受性猥亵和淫秽内容危害。

制定这些法律的动机，无论多么伪善，都是维多利亚时代行为准则的延续。在这方面，最高法院在米勒诉加利福尼亚案(1973)(Miller v. California)[91]中强调：淫秽事物不受第一修正案保护。这一宣告仍然有效。然而，低俗内容充斥着互联网，所以当色情症候[92]与法律展开斗争时，色情症候获取了胜利。从字面上讲，淫秽事物仍是非法的；从功能上讲，互联网却让其合理化。未成年情色市场[93]有悖道德，司法仅剥夺了该市场的少量收益。通过向电子高速公路投放淫秽制品，在弥补这些损失后，色情产业巨头的收入仍有大量剩余。超量的色情作品清楚地说明了，当电子通信技术使不遵守法律变得容易且不受处罚时，会发生什么。

在继续讨论机器人表达技术之前，对我们所阐述的内容及其展开论述的理由进行总结，大有裨益。这一点很重要，我们如何评价某种通信技术，取决于我们所处的历史节点。此外，每种通信方式具有多元价值，利用某种媒介产生的言论是否应当给予保护，可以由这些价值来解释说明。当然，斗转星移，因为新通信方式的引入，通信价值始终在变动，甚至发生巨大改变。还有另一种可能：尽管严格来说，坚守旧价值会遭受质疑，但有时人们会继续对其顶礼膜拜。毕竟，我们常常倾向于固执己见，认为世界发生变化时，我们的价值观没有随之改变。在柏拉图的《斐德罗篇》中，我们发现了一个例证，尽管它不那么明显且略有不同。苏格拉底曾经以口头方式反对书写这一新技术(这个例证确有其真正的价值)，而柏拉图正是用文字来概括整个对话。所以，柏拉图的读者不得不相信，读写就像口头讨论一样，也可以为追求真理服务。但真的能吗？ 看看结果：即使我们践行了新的价值观，旧价值观仍在继续宣扬。为什么？ 书面文字的价值在诸多方面均胜过口语通信。苏格拉底，一个口语时代的大师，却拒绝了这种功利主义价值观。他认为鲜活的、有趣的辩证过程是通向知识之路，誊写文化是非人格的，与这一过程相冲突。

抄书吏则认为，记忆有其劣势，因而口语传统充斥着半真半假的事实，且其信息无法被传递到狭小的边界之外。而对其后出现的通信技术，他们同样嗤之以鼻。印刷文化催生了第一种真正的机械媒介形式。口头形式(人的声音)向书面形式(人的双手)的转变，使通信变得更加非人格化。当信息发送者和接受者之间出现机器(印刷机)及其制品(印刷书籍、杂志或报纸)时，情况亦然。这一过程中，以印刷术为基础的知识也变得愈加抽象了。

26

电子通信的出现，使人们付出了前所未有的代价。虽然个人对个人的通信形式再次出现，它涵盖了从电话到智能手机的所有介质，但却与口语时代完全不同。电子时代，通信既被缩短了(如短信和声音短讯)，也被拉长了(如电影)；既有个人的(如 Skype)又有非个人的(如看电视)；偶尔能够增长见闻(如 PBS 新闻简讯)，通常又很平庸(如淫秽制品)。启蒙运动以印刷术为基础，对捍卫其成就的人来说，任何价值均赋予电视屏幕，而电视屏幕每天攫取人们注意力的平均时长达 5 小时之久，这是不可理喻的。德尼·狄德罗会视其为反乌托邦，本杰明·富兰克林会视其为诅咒。电子通信时代，自由言论的拥护者仍在继续倡导追求真理的古老原则。所以，这一蓄意的谎言便成了电子言论演变过程中的焦点问题。

总结要点如下：

1. 除非通信技术具有巨大的效用(无论如何定义)，否则它不可能超越其在先技术。

2. 当新通信技术效用巨大时，在增加价值的同时它很可能会削弱或排斥其在先技术的价值。

3. 当效用是衡量标准时，其他任何价值(如政治或道德)都无法免受新通信技术的侵蚀。

4. 为维护旧价值，政府可能会用审查制度来抵制新的通信技术。

5. 当新通信技术的效用异常重大时，它可以推翻审查制度。

6. 总而言之，无论是法律上还是功能上，保护言论自由的动因是通信方式与其效用之间的关联。言论自由规则必须让位于对新技术的需求，除非该规则本身接受监督审查。

整理完概念后，我们现在开始考查机器人表达技术。

五、机器人时代

我们现代生活的一个现实是：机器人技术和机器人表达影响着我们管理家庭、驾驶汽车、欣赏音乐、在诸多主题中搜索信息以及写作、作曲或绘画的方式。事实上，这段文字就是口述给计算机程序，再由其转换成文本的。* 在科技世界里，交流不再局限于在人与人之间开展对话。

她愿意随时倾听随时交谈。她能解答数学难题而且擅长地理。她的研究能力胜过许多经验丰富的图书管理员。显然，她异常聪明——她的知识面超过了牛津大学和剑桥大学的所有教员。虽然她不能对每一个问题都作出有意义的回答，但她确实掌握了许多问题的答案。她对所有人都彬彬有礼，即使对那些待其粗鲁的人也一样。当有情感需要的人向她求助时，她便是一个善解人意和鼎力相助的朋友。

她愉悦人心的声音掩盖了她的秘密。她不是人，我们知道她的名字：Siri。她是苹果著名的智能个人助手和知识导航员(但有时也不尽人意)。Siri[像亚马逊的亚历克萨(Alexa)或微软的科塔纳(Cortana)一样]使用一个自然语言界面来回答问题，并根据她从网络资源搜索的结果提出建议。

数百万人与她交谈。以下是她在 2017 年 1 月 14 日的一次对话：

莎拉："Siri，我很孤独。"

Siri："听你这样说我很难过。莎拉，我随时可以跟你谈心。"

莎拉："救救我，我很难过。"

Siri："据我所知，生活包括一切，悲伤的，美丽的以及介于两者之

---

* 在我们的《话语之死》(The Death of Discourse)一书中详细讨论了这一点(Durham, NC：Carolina Academic Press, 2nd edn., 2005), pp.179—184, 205—210。

27

间的。"

莎拉："我刚和男朋友分手。"

Siri："太糟糕了，莎拉。但我会一直在这儿陪伴你。"

莎拉："我想自杀。"

Siri："如果你想自杀，你可能需要和国家预防自杀生命线的人谈谈。电话是 1-800-273-____。我给他们打电话好吗？"

这个例子表明，Siri 是陪伴者，是哲学家，是精神病学家，也是一个潜在的救生员。尽管如此，Siri 的设计也有其局限性。她避免争论，规避意见；她回避医学、法律或精神上的咨询，杜绝犯罪建议；她更喜欢准确、有事实根据的问题，而不是模棱两可、需要评价的问题。另外，Siri 还很年轻，不经世事。人工智能科学家有更高的期望，以此为衡量标准，Siri 还不够成熟，科学家的梦想有赖于其后代或竞争者来实现。[94]

以 Siri 这个简单的例子为证，我们可以把今天的技术看作一阶机器人技术(First Order Robotics)。在这个领域中，计算机和机器人[95]通常被视为受其主体指令驱动并进行回应的媒介。也就是说，计算机和机器人所做的工作，它们收集和提供的信息，绝大多数都是由程序员设置的参数决定的。他们看似在高度结构化的环境中作出"智能"的决定，但他们并非"真正智能"，因为他们既不模拟人类高级的认知推理，也几乎不在非结构化的环境中自动操作。

哈里·苏顿(Harry Surden)教授有效地区分了两种人工智能——复制人类认知过程的人工智能和借助非认知过程产生"智能"结果的人工智能。他指出，后一种类型的人工智能公认是"低度智能"和"结果导向型"的，但在当下和可预见的未来，会在机器人系统中占据主导地位。苏顿将成功的一阶机器人系统描述如下：

> 如果一个现代的自动飞行系统，能够使飞机在恶劣环境下着陆(如浓雾)，且其成功率达到或超过人类飞行员在类似条件下的成功

28

33

率,我们可以称其为成功的人工智能系统。此种系统是当下许多产品的基础,它们从人工智能的早期研究中涌现出来,正在融入(或准备融入)人们的生活。该系统能够在不触碰人类认知的情况下,创造极为精妙、有用和准确的成果。其中包括 IBM 的沃森(Watson)、苹果的 Siri、谷歌搜索,以及(很快问世的)自动驾驶汽车和自动音乐创作软件。[96]

很明显,在苏顿教授所举的自动飞行系统案例中,飞机驾驶员、副驾驶以及控制塔之间的通信模式,被该系统机器人组件内部或外部的数据交换所替代。从这个意义上讲,作为新通信形式,机器人已经证明了自身的实用价值。

正如苏顿教授所解释的,在一阶机器人系统中,在指定范围内产生有用结果才是重点:

此类系统常常依赖数据来开发利用既存但未被揭晓的人类知识。因为在某些情况下,这些系统创造的成果或完成的行为,几乎接近或超过人类在特定任务中的表现……这种"结果导向"型、特定任务型系统(例如驾驶、回答问题、飞机着陆)似乎为许多人工智能研究提供了捷径……鉴于目前的趋势,许多当下(或未来)的人工智能系统将与社会相融合(因此更可能成为法律管制的内容),它们将使用侧重于制造"有用成果"的算法技术,因此不需要专注于研发能复制人的认知、具有反省和抽象能力的系统。[97]

但是,如果人工智能超越了当前的"机器学习"[98]阶段,未来学家所说的"真正智能"机器人变为现实,伴随巨大进步,人工智能领域随之扩展,此时的人工智能是什么样的? 答案之一是,它们要涉猎在试验和错误中学习的能力;通过观察、模仿人类或其他机器人学习的能力;以及概括这些知识,以便将其应用于新情况或不同情况的能力。艾

34

伦·温菲尔德(Alan Winfield)教授是电子工程领域权威专家，他解释了机器人跨入"真正智能"范式意味着什么：

> 目前，当机器人学家说某个机器人是智能的，他们的意思是"在某种有限的意义上，这个机器人表现得好像是智能的"……几乎不会有机器人学家称机器人具有真正的智能。从资格意义上看，他们可能会说机器人能够担当智能的称号，因为它们能够决定需要采取何种行动，以适当地对外部刺激作出反应……工厂机器人就是一个很好的例子——它们在一个精心设计的环境中工作，每次都在完全相同的位置、完全相同的方向生产作业(例如，焊接汽车零件)。[99]

在更加智能化的机器人领域，从结构化到非结构化的操作是至关重要的。因此，温菲尔德教授问道：

> 但是，如果我们希望机器人能够在非结构化的环境中工作呢？是任何地方，而不是为机器人专设的地方……机器人学家尚未解决的一个主要问题是，在人类生活环境中，如何保证机器人既精密又安全……尽管已研发的机器人中，有很多例子可以证明它们可以进行简单的学习，如学习如何走出迷宫。但迄今为止，我们所称的一般的解决问题能力，还未有机器人能够证明其可以为之所有。这是一种学习能力，或是个人化的(通过试验纠错学习)或是社会化的(通过观察研究人类或其他机器人学习)，然后概括所学知识并将其应用于新情况。[100]

的确，"推理、判断和决定需要全面且灵活的能力，而计算机还没有触及这种传统意义上的人类智力"。[101]这种未来的发展将催生二阶机器人技术(Second Order Robotics)。在这一领域，机器人完成的工作和提供的信息，数量巨大且充满不确定性。它们大部分是在非结构化的环境中作业，与制造商脱离，享有相当程度的自主性。

诚然，人工智能领域已经开发出让计算机执行表达任务的算法，这些实验让世人叹为观止。成就之一是，机器人现在能：

● "原创"画作：比如亚伦(Aaron)，一个绘画机器人，他能"自己调色，创造杰出的艺术品，甚至自己清洗刷子"；[102] 或是参加每年一度的国际机器人艺术大赛(Robotart)的机器人们，它们挥舞画笔，展现其在传统画或抽象画方面的才能。[103]

● "原创"音乐：例如美国和巴黎的计算机科学家开发了一种算法，采用此种算法的计算机，"以巴赫曲风原创了一种赋格曲，它还能即兴演奏约翰·柯川(John Coltrane)的独奏爵士乐，或者将二者混合成一种前所未有的曲风"。[104] 索尼的人工智能，可以创作流行歌曲，并以欧文·柏林(Irving Berlin)、乔治·格什温(George Gershwin)或科尔·波特(Cole Porter)的风格演奏曲调，这让人怀念起披头士乐队。[105]

● "原创"新闻报道：例如由新兴公司扶持的自动化新闻业，像《叙事科学》(Narrative Science)，它"主要对体育、金融、不动产等具有商机的领域展开报道，这些领域的报道往往以数据统计为核心，且遵循相同的模式……《叙事科学》提供服务时发表了一些文章，介绍了社交媒体对美国大选作何反响；在特定的州或地区，什么问题、何种候选人最受关注或最不受关注，以及类似的话题"。[106]

● 担任电子商务零售顾问："决定向你出售什么，研究你的购物习惯，并确保你有良好的购物体验。"[107]

● 甚至充当虚拟律师：自动进行尽职调查和合同审查，对违停罚单提出上诉、对罚款提出申诉，积累相关判例、搜索处置法律问题的二级机构，甚至模拟司法推理形成论断。[108]

除此之外，谷歌和其他公司正在努力开发家庭服务人工智能，包括照顾老年人[109]和情感陪伴。例如，日本开发的人形机器人佩珀 (Pepper)，它能"观察情绪"，识别"声音语调和面部表情，以便与人类互动"，所有这些都是为了努力"让你快乐"；[110]还有为儿童和成人制作的会话娃娃。[111]为加强机器人与其陪护者之间的沟通交流，这些机器人和其他更先进的机器人，将能为人类用户创建详细的个人资料，包括他们的喜好、禁忌、情绪反应、日常活动及与之相关的广泛的情境信息。设想一下，你是在与最了解你的亲密伙伴相处……或类似的情况。此时，你变得更加依赖你的机器人"朋友"就理所应当了。[112]

不管这些技术进步多么有趣，我们距真正的二阶机器人技术水平还有多年差距，即自主学习、适应性强，基本上自治的机器人。[113]但技术永远不会倒退。科学研究的热情、商业利润的刺激以及人工智能技术的潜在效用，在这些因素的推动下，二阶机器人时代即将来临。[114]

无论是一阶还是二阶，机器人通信的操作应用与之前的通信媒介完全不同。其他任何通信方式都是人与人之间的交流介质；与之相反，机器人通信是人与机器人之间(如 Siri)或机器人彼此之间(如股票市场交易员)的交流介质。此外，与其他媒介不同的是，许多机器人是按从事身体活动设计的，因此，语言和行为之间的联系更为完整。也就是说，我们只关注人工智能、机器人技术的表达组件和功能，记住这一点很重要。对我们来说，管控机器人通信并不等同于管控机器人行为。因此，牛津大学人工智能研究员及公证人(比尔·盖茨、斯蒂芬·霍金)发出了惊人的警告："极端智能"的机器人可能被"驱使去构建一个没有人类的世界"。[115]这不是我们的研究内容。[116]尽管如此，任何通信层面的非法行为，即使比机器人怪物引发大决战要契合实际得多，均可以在没有宪法约束的情况下被管制或禁止。

与互联网一样，只要机器人是通过传输电子信息发挥功能，政府限制机器人表达技术就可能涉及大量的现有法律规范——从危害国家安全到诽谤，从侵害隐私到淫秽内容等。假设这些法律可以适用，那么就无需制定任何专门的"机器人法"。若现有法律不能有效调控机器人表达

31

技术，则我们将见证机器人审查制度的兴起。它可以与确认某种新秩序的交际风险等量齐观。

有个要点可能被忽视，在结束本部分讨论之前，必须予以强调。尽管某种通信方式占主导地位，但其与早期方式仍相互作用，只是配合程度不同。一种模式很难完全消失。早期技术可能起补充或辅助作用，且在新环境下，其用途和价值可能发生改变，但却未退出历史舞台。因此，口语通信得以保留，誊写技术幸免于难，印刷术持续有效，各种电子通信形式继续蓬勃发展，但它们在新秩序(机器人秩序)中的作用仍然有待观察。

现在，对主要通信方式的简要考查已经完成，我们了解了各自的运作方式、优点、缺陷及政府的审查态度。接下来，我们将讨论第一修正案中与机器人表达有关的问题。

注释

1. Plato, Phaedrus 274D—275B, trans. Alexander Nehamas and Paul Woodruff (Indianapolis, IN: Hackett Publishing Co., 1995), pp.79—80.

2. G.R.F.Ferrari, Listening to the Cicadas: A Study of Plato's Phaedrus(New York: Cambridge University Press, 1990), p.220.

3. 艾瑞克·亥乌络克(Eric Havelock)教授阐述希腊前文字文化时指出："政治、宗教或家庭领域所记载的惯例，本身可以成为一种技术……诸多社会性行为举止，必有其仪式，或必须按仪式记载下来，这些仪式可能大抵相似。" Eric Havelock, Preface to Plato(Cambridge, MA: Harvard University Press, 1963), p.80.亥乌络克将宗教习俗解释为创造出来的技艺，他说道："希腊宗教无关信仰，而是一种崇拜习惯。此种崇拜习惯由大量的程序步骤蓄积而成，必须熟练操作，才能执行得尽责、恰当和虔诚。" Ibid., p.81.

4. M. T. Clanchy, From Memory to Written Record: England 1066—1307 (Cambridge, MA: Harvard University Press, 1979), p.203.根据克兰奇教授的论述："征服王威廉是个更好的例子，他戏谑地威胁要让受赠人'体验'到土地权利的转让，他要用象征意义的刀具，划破获赠修道院院长的手并说'这才是土地赠与应该采用的方式'。" Ibid.

5. See, e.g., Marc Bloch, Feudal Society, trans. L. A. Manyon(New York:

Routledge Press, 1962), pp. 113—114; Clanchy, From Memory to Written Record, p.208; Harold J.Berman, "The Background of the Western Legal Tradition in the Folklaw of the Peoples of Europe," University of Chicago Law Review 45: 553, 563(1978).

6. Bloch, Feudal Society, p.114.

7. Berman, "The Background of the Western Legal Tradition", p.561. See also Clanchy, From Memory to Written Record, pp. 232—233; J. E. A. Jolliffe, The Constitutional History of Medieval England: From the English Settlement to 1485 (London: Adam and Charles Black, 4th edn., 1961), pp.2—4, 9—10, 58—59; M.E.Katsh, The Electronic Media and the Transformation of Law(New York: Oxford University Press, 1989), pp.60—63; F.W.Maitland, The Constitutional History of England, edited by H.A.L.Fisher(New York: Cambridge University Press, 1908), pp.115—118.

8. Berman, "The Background of the Western Legal Tradition", pp.562—563.

9. 参见，例如，Jolliffe, The Constitutional History of Medieval England, pp.23—24("法律不是国王的口令"，而是出自合法之人讲述的"民间故事")；Berman, "The Background of the Western Legal Tradition", pp.564—567. 与宣誓免责制度一样，口语文明中，规则常常采诗意的表达方式。"'未有隶使，未有贿得。吾执吾眼而见，执吾耳而闻'(unbidden and unbought, so I with my eyes saw and with my ears heard)，'奸佞妄邪，矫情饰诈'(foulness or fraud)，'无偏无党'(right and righteous)，'自今已往'(from hence to thence)，此类语句较为常见。" Ibid at 562.

10. See, e.g., James Bryce, Studies in History and Jurisprudence(Oxford: Clarendon Press, 1901), 1: 275—276; Michael Gagarin, Early Greek Law (Berkeley: University of California Press, 1989), pp.10, 131.

11. See, e.g., Florian Coulmas, The Writing Systems of the World(Hoboken, NJ: Wiley, 1989), p.11; M.T.Clanchy, "Remembering the Past and the Good Old Law," History 55: 165, 168—170(1970). See also Katsh, The Electronic Media and the Transformation of Law, p.25(解释了口语社会以口头方式承袭传统的推论)，艾瑞克·亥乌络克推测，古希腊社会，口语通信可能从三个层面发挥作用：

"在时新政务法务工作中，如若收集、发布作为先例的指令，统治阶级主要负责对其必要内容进行口头规划。其次，持续重述部族历史、先祖事迹及其如何作为现代典范发挥作用，这项历史任务专属于吟游诗人。最后，朗诵会，不断向年轻人灌输传说和先例。"Havelock, Preface to Plato, pp.120—121.

探索拓展修辞用途助记法，一种辅助记忆的古老技艺，参见 Frances A. Yates, The Art of Memory(Chicago: Chicago University Press, 1966)。

12. Jolliffe, The Constitutional History of Medieval England, p.13.希腊社会,口头保存的礼法(习惯规则)对民族一致性的遗存至关重要:"必须坚持传统、法律连续性、习俗和惯例,否则分散的群体会瓦解,他们的共同语言也会消失。口语通信以全新且精巧的方式发展,这为延续性提供了必要工具,不仅仅是英雄事迹,生活方式作为整体一并在代际间留传。" Havelock, Preface to Plato, p.119,省略脚注。

13. 沃尔特·翁(Walter Ong)教授敏锐地发现,"口语表达激发生活延续感、参与感,因为它本身就是参与性的"。Walter Ong, Interfaces of the Word: Studies in the Evolution of Consciousness and Culture (Ithaca, NY: Cornell University Press, 1977), p.21.

14. Ong, Interfaces of the Word, p.20.

15. 参见,例如,Maitland, The Constitutional History of England, pp.115—116; Berman, "The Background of the Western Legal Tradition", pp.561—562(倒背如流的誓言)。然而,据称无文字社会里,口头答辩需要严格的形式,这可能夸大其词了。克兰奇(Clanchy)认为,程式化的誓言或请愿,若"仅存于记忆中……可能发生改变,而用者却无法察觉。因为即便是早期记录在案的诉状,也有些许变化"。Clanchy, "Remembering the Past", p.175.一边是西方早期口语文明的纪事官,另一边是13世纪英国法庭的专业口头辩护人,克兰奇在二者之间作了一个很好的类比:

13世纪或更早,诉讼当事人有时聘请专业辩护人代表自己提出诉讼请求。在法语中,辩护人被称作conteur,在拉丁语中被称为narrator。起诉状在英语中被称为conte、narratio或tale。因此,描述中世纪吟游诗人的术语,同样被用来描述辩护技艺,即"吟诵轶事"。这可能是个巧合。这也表明辩护人的原始职责是担任纪事官,因为目不识丁,他用吟游诗人的诗歌技巧回忆案情和诉讼请求,并使其听起来恰当无误。早期英语诉状中仅存的几个片段,明显使用了有节奏和头韵的格律。Ibid(省略脚注)。

16. 卡什(Katsh)教授认为,前文字社会是"保守的,因此,套用现代文明结构对其进行评判,它便极度阻碍进步"。Katsh, The Electronic Media and the Transformation of Law, p.23.为了论证有据,该陈述中包含一定的事实。然而,在前文字社会,口语通信有一定的灵活性,在随后的誊写和印刷时代,这种灵活性可能消失了。

17. 杰克·古迪(Jack Goody)教授与伊恩·瓦特(Ian Watt)教授对前文字社会中的文化传统进行了深入研究。据他们考察,此类社会,其成员倾向于记住仍有社会价值的传统,与当代社会无关的传统,则被选择性地遗忘,从这个意义上说,此类社会具有"自我平衡"性。古迪和瓦特把这个过程称为"记忆的社会功能"。Jack Goody and Ian Watt, "The Consequences of Literacy", in Jack Goody, editor, Literacy in Traditional Societies(New York: Cambridge University

Press, 1968), pp.27, 30—34, 44.另参见 Jack Goody, The Interface between the Written and the Oral(New York: Cambridge University Press, 1987), pp.167—190 (探讨口语和文字文明中的记忆和学习)。

18. Clanchy, From Memory to Written Record, p.233. See also Clanchy, "Remembering the Past, " pp.165, 171—172, 176.

19. Theodore F.T.Plucknett, A Concise History of the Common Law(London: Butterworth, 5th edn., 1956), p.308(quoting René Wehrlé, De La Coutume Dans Le Droit Canonique(1928), pp.139—140).

20. 参见，例如，Coulmas, The Writing Systems of the World, pp.11—12(当记忆代际相传时，传说和记忆变得难以区分)；Clanchy, "Remembering the Past", pp.162—168, 172。

21. 参见，例如，Havelock, Preface to Plato, p.121(为使记忆免受任何可能的压力，新发明遭到抑制，这不断促使人们把当代决定矫饰为祖先的言行)；Fritz Kern, Kingship and Law in the Middle Ages, trans. S.B.Chrimes(Oxford: Basil Blackwell, 1939), p.179(指出习惯法是"新旧法的永久嫁接")。

22. Clanchy, "Remembering the Past", p.171.

23. See generally Sotheby's, The Magna Carta(New York: private printing, December 18, 2007); Featured Documents, "The Magna Carta", The National Archives, at www.archives.gov/exhibits/featured-documents/magna-carta; A.E.Dick Howard, The Road from Runnymede: Magna Carta and Constitutionalism in America (Charlottesville: University of Virginia Press, 2015); J.C.Holt, Magna Carta(New York: Cambridge University Press, 3rd edn., 2015).

24. Robert K.Logan, The Alphabet Effect: The Impact of the Phonetic Alphabet on the Development of Western Civilization(New York: William Morrow, 1986), pp.19—25; Ong, Orality and Literacy, pp.83—84.

25. Warren Chappell, A Short History of the Printed Word(New York: Knopf, 1970), pp.59—83; Elizabeth A.Eisenstein, The Printing Revolution in Early Modern Europe(New York: Cambridge University Press, 1983), pp.12—13.

26. 参见 Coulmas, The Writing Systems of the World, pp.11—13; Harold A. Innis, Empire and Communications(Toronto: University of Toronto Press, 1972), p.711(讨论传播媒介时空方面的内容)；Katsh, The Electronic Media and the Transformation of Law, pp.28, 63—67(解释文字为何是获取权力的工具，以及当权者如何抵制社会变革)；Logan, The Alphabet Effect, pp.104—105(讨论字母表的理论模型)；Rosamond McKitterick, The Carolingians and the Written Word(New York: Cambridge University Press, 1989), pp.36—37(解释加洛林人如何使用文字来辅助记忆并巩固权威)；Marshall McLuhan, The Gutenberg Galaxy: The Making of Typographic Man(Toronto: University of Toronto Press, 1962), p.238(讨

论印刷术的权威性）；Ong, Interfaces of the Word, pp.21—22(讨论书写和印刷中必然发生的"字与人、人与字"的分离)，86—87(讨论了著作的信息优势及著作可用性对口语表达的重塑)，243(讨论从古至今意识的转变)；Ong, Orality and Literacy, pp.101—112(讨论写作的人为疏远效应)，177(讨论作为"单向信息通道"的写作)；Walter Ong, The Presence of the Word: Some Prolegomena for Cultural and Religious History(New Haven, CT: Yale University Press, 1967), pp.35—47(讨论字母表和印刷体的时空、距离效应)。

27. "型构"(Enframing)是一种活动，它描述一个人、一个对象、一个事件或一个想法，同时为这些事物的展现设置边界。当型构(enframe)一个事件时，要以一定方式对其进行描述(例如，口头或书面陈述)；当展开描述时，要确定理解事件的术语。口头或书面叙事情况下，事件被限定在一系列词汇中，从而我们对事件的理解取决于所选择的词汇。如果换成绘画创作，同样的过程也会发生，只是它展现在书画作品领域。任何描绘现实的技巧，都型构(enframes)或塑造现实。因此，型构是所有表现形式的品质，并根据所选形式而变化。不同的表现形式，其型构类型不同，设置的边界也不相同。第一部分，我们讨论了口头、书面、印刷和电子表现形式，它们以截然不同的形式型构现实。"enframing"是"Gestell"的译文，马丁·海德格尔(Martin Heidegger)使用"Gestell"一词，威廉·莱维特(William Lovitt)对其进行翻译。我们改编了"enframing"，其含义与之不完全相同。我们发现"enframing"一词暗含表现形式改变现实的方式，我们将其用在此处。See Martin Heidegger, The Question Concerning Technology and Other Essays, trans. William Lovitt(New York: Harper & Row, 1977), p.19 and n.17; William Lovitt, Introduction, ibid pp.xiii, xxix.

28. 正如布莱恩·斯托克(Brian Stock)教授所描述的那样："文本的新功能不仅是充当语言的图解参照。"它有自己的结构和逻辑。口语社会中，文字的出现会破坏先前的思维模式和行动模式，通常是永久性的……当采书面模式指导人类处理事务时，行动准则和行为事实之间建立起了新关系：自我呈现不是主观的决定，而是清晰规则中的客观模式。人们不再依据口口相传的原则作出反应。这一模式现在外部化了。个人经验仍然重要，但其作用有限；相反，人们更能信守近乎标准化的规则，它们不受个人、家庭或社区的影响。Brian Stock, The Implications of Literacy: Written Language and Models of Interpretation in the Eleventh and Twelfth Centuries(Princeton, NJ: Princeton University Press, 1983), p.18(省略脚注)。

据古迪和瓦特考察，从前的希腊社会秉持口语文化传统，对这些传统的早期记载成就了两种现象，在前文字社会它们并未以同等程度展现出来：历史意识(如，对古今差异的认识)和批判意识(如，在摒弃或重释社会信条之间进行权衡，以调和传承的信念与通俗理解之间的矛盾)，参见 Goody and Watt, "The Consequences of Literacy", pp.48, 56。

29. 一方面是读写能力及论说著述的增长，另一方面是世俗或教会权力的建立，二者之间出现历史关联并非偶然。参见 Eisenstein, The Printing Revolution (加洛林王朝)；Innis, Empire and Communication(埃及、巴比伦、希腊、罗马、西欧、儒教、佛教、伊斯兰教、基督教)。

30. 古迪和瓦特认为，文字使词汇与其指代物之间建立起一种不同的关系，与口头交流相比，这种关系更为普遍、更为抽象，与人物、地点和时间的特性关联较少。Goody and Watt, "The Consequences of Literacy," p.44；Goody, The Interfaces between the Written and the Oral, pp.75—76(论述文字记录是去个体化的，且它揭示一般和普遍的关系)。

31. Sue Curry Jansen, Censorship: The Knot That Binds Power and Knowledge(New York: Oxford University Press, 1991), p.41.同见 V.Gordon Childe, Man Makes Himself (New York: New American Library, 1951)；Yu-t'ang Lin, A History of Press and Public Opinion in China(Chicago: University of Chicago Press, 1936)。

32. Jansen, Censorship, pp.41—42.

33. See, e.g., Marilyn Rye, "The Index Librorum Prohibitorum," The Journal of Rutgers University Libraries, 43: 66—81(1981)；Jansen, Censorship, p.47.

34. Stock, The Implications of Literacy, p.18.

35. See John Man, The Gutenberg Revolution: How Printing Changed the Course of History(London: Transworld Publishers, 2010), pp.163—280.

36. Mitchell Stephens, The Rise of the Image and the Fall of the Word(New York: Oxford University Press, 1998), p.29, citing to Elizabeth L.Eisenstein, "Printing as a Divine Art," Oberlin Library Lecture, November 4, 1995.

37. See Richard Abel, The Gutenberg Revolution: A History of Print Culture (New Brunswick, NJ: Transaction Publishers, 2011), pp.23—126.

38. Elizabeth L.Eisenstein, The Printing Press as an Agent of Change(New York: Cambridge University Press, 1980), p.3.

39. Francis Bacon 引自 Eisenstein, The Printing Press as an Agent of Change, pp.3—4。

40. Eisenstein, The Printing Press as an Agent of Change, pp.306—307.

41. Katsh, The Electronic Media and the Transformation of Law, p.142.

42. Arthur G.Dickens, Reformation and Society in Sixteenth-Century Europe(San Diego, CA: Harcourt, 1966), p.51. See William J.Bouwsma, John Calvin: A Sixteenth-Century Portrait(New York: Oxford University Press, 1988), pp.98—100；Eisenstein, The Printing Revolution in Early Modern Europe, p.147；H.G. Haile, Luther: An Experiment in Biography(Princeton, NJ: Princeton University Press, 1980), pp.164—174；Logan, The Alphabet Effect, pp.217—223.

43. Voltaire quoted in John Morley, Diderot and the Encyclopaedists(London:

Chapman and Hall, 1878), I: 162.

44. Ong, Interfaces of the Word, p.239.

45. Ibid., pp.82—83.

46. 参见 Coulmas, The Writing Systems of the World, pp.11—14(批量创作, 抽象化, 管控); Eisenstein, The Printing Revolution in Early Modern Europe, pp.51(批量创作和一致性), 63(系统化和抽象化), 72(系统化), 73—74(可靠性和权威性), 79—80(批量创作和保存), 83(永久性); Katch, The Electronic Media and the Transformation of Law, pp.33—35(可靠性, 权威性, 批量创作), 85—86(系统化), 215(一致性), 217—218(抽象化); McLuhan, The Gutenberg Galaxy, pp.125(永久性), 156(确定性和权威性), 208—209(一致性); Ong, The Interfaces of the Word, pp.89(管控), 330—332(结束); Ong, Orality and Literacy, pp.101—102(系统化), 117—138(结束, 系统化, 管控, 抽象化); Ong, The Presence of the Word, pp.47—53(批量创作, 系统化), 63—66(抽象化)。

47. See Eisenstein, The Printing Revolution in Early Modern Europe, p.71.

48. See Howard Jay Graham, "Our Tong Maternall Maruellously Amendyd and Augmentyd: The First Englishing and Printing of the Medieval Statutes at Large, 1530—1533," University of California at Los Angeles Law Review 13: 58, 58—59 (1965).

49. See ibid., pp.59—60.

50. 代尔(Dyer)是草书编年时代后首批案例报告人之一。See Plucknett, A Concise History of the Common Law, p.280.

51. 普劳顿(Plowden)的案例报告极为权威, 其报告覆盖时期与代尔报告基本相同。Ibid.

52. 普拉克内特(Plucknett)记述, 《科克(Coke)报告》共 13 卷, 口碑甚高, 人们引用时仅称其为《报告》。在该报告中, 科克通过研究案例, 汇编整理出英国的法律原则。只要是相关的法律权威的观点, 他在每个案例的报告中, 都对其进行全面总结。然而, 即使在科克时期, 案例报告也是把对事实及法律的陈述与评论、批评、法律历史混为一谈。Ibid., pp.280—281.

53. 《布罗(Burrow)报告》的出版确立了官方报告的格式。他的报告"区分事实、说理和裁判", ibid., p.281, 至今, 典型的法科新生案例概要, 仍采此种形式。

54. 在首批法律哲学的英语论著中, 英国律师克里斯托弗·圣·日耳曼(Christopher St.Germain, 1460—1540)的著作占重要地位。该著作是关于普通法的评述, 以探讨英国法律思想中的衡平理念著称。据说, 圣·日耳曼的著作 1523 年以拉丁文出版, 1530 年以英文再版。Ibid., p.279.

55. 1628 年出版发行(第一部《法学总论》), 1642 年(第二部《法学总论》), 1644 年(第三部、第四部《法学总论》), 科克的著作以判决或判决评议的形式嵌入英国法律主体之中。Ibid., p.282.

56. 威廉·布莱克斯通(William Blackstone)的《英国法释义》被誉为"将英国法作为一个整体评述的伟大著作，它通俗易懂且言之有理"。在其作品中，布莱克斯通"试图用非专业人士的视角来阐释、证明普通法的正当性"。Ibid., p.286.部分原因是，布莱克斯通在一本著作中汇编了大量的法律资料、学说和概念，他的作品传到了18世纪的美国，且在那影响尤深。Ibid., p.287.

57. Ibid., p.263.

58. 一部防止欺诈和伪证的法案，29 Car.2, ch.3(England：1677)。

59. 《防止欺诈法》的序言写道："为防止欺诈行为，通常是竭力提供伪证或其从属行为，制定本法……"Ibid.

60. Charles W. Hawkins, "Where, Why and When Was the Statute of Frauds Enacted?," American University Law Review 54：867, 872(1920). See also John Edward Murray, Jr., Murray on Contracts § 68(Dayton, OH：Lexis Publications, 3rd edn., 1990), p.301；Philip Hamburger, "The Conveyancing Purposes of the Statute of Frauds," Journal of Legal History 27：354, 356—357, 372—373(1983).

61. Hotchkiss v.National City Bank of N.Y., 200 F. 287, 293(S.D.N.Y. 1911)勒尼德·汉(Learned Hand)法官在讨论合同法的主观标准和客观标准时提到了宗教咨询。

62. See generally Arthur Linton Corbin, Corbin on Contracts, 2：§ 275 (Eagan, MN：West Publishing, 1963 & Supp. 1991)；Hugh Evander Willis, "The Statute of Frauds：A Legal Anachronism," Indiana Law Journal 3：427, 528(1928).

63. See Eisenstein, The Printing Revolution in Early Modern Europe, p.83("人们不能再想当然地认为一个人在遵循'古老习俗'……随着判例效力越来越持久，突破判例难度越来越大，争夺判例确定权的斗争越来越激烈")。另见Katsh, The Electronic Media and the Transformation of Law, p.87(探讨了普通法法院业务增加，规则导向争端解决方法日益受瞩目)。但 cf. Plucknett, A Concise History of the Common Law, p.349(解释，尽管印刷16世纪案例报告，这一举动提升了案例的引用频次，但直到19世纪，先例才普遍被认为具有约束力。)

64. 参见 Duncan Kennedy, "The Structure of Blackstone's Commentaries," Buffalo Law Review 28：205(1979)；cf. Neil Postman, Amusing Ourselves to Death(New York：Penguin Books, 1984), p.57[将美国最高法院首席法官约翰·马歇尔(John Marshal)称为"排版人"]。

65. Entick v.Carrington, 19 Howell's State Trials 1029(Michaelmas Term, 1765).

66. Lucien Febvre and Henri-Jean Martin, The Coming of the Book：The Impact of Printing, 1450—1800, trans. David Gerard(London：Verso, 1990), pp.191—192.

67. Ibid., p.246.

68. William Blackstone, Commentaries on the Laws of England (London：Strahan, 1803), IV：pp.151—152.

69. 本杰明·巴赫的诸多言论出自 Ronald Collins and David Skover, On Dissent: Its Meaning in America(New York: Cambridge University Press, 2013), pp.104—107.与言论有关的素材，参见 Geoffrey R.Stone, Perilous Times: Free Speech in Wartime from the Sedition Act of 1798 to the War on Terrorism(New York: W.W.Norton & Co., 2004), pp.35—36; Jeffrey A.Smith, Franklin & Bache: Envisioning the Enlightened Republic(New York: Oxford University Press, 1990); James Tagg, Benjamin Franklin Bache and the Philadelphia Aurora(Philadelphia: University of Pennsylvania Press, 1991); Peter Charles Hoffer, The Free Press Crisis of 1800(Lawrence: University Press of Kansas, 2011); James Morton Smith, Freedom's Fetters: The Alien and Sedition Laws and American Civil Liberties(Ithaca, NY: Cornell University Press, 1956)。

70. Jansen, Censorship, p.65.

71. See Haynes McMullen, American Libraries before 1876 (Westport, CT: Greenwood Press, 2000) and Donald Davis, Jr. and John Mark Tucker, American Library History: A Comprehensive Guide to the Literature(Santa Barbara, CA: ABC-CLIO, 1989).

72. See American Library Association, "Number of Libraries in the United States(circa 2015), " at www.ala.org/tools/libfactsheets/alalibraryfactsheet01.

73. See Kerry Close, "The Most Popular TV Show of 2016 Was Not from a Big Network", Fortune.com(January 4, 2017), at fortune.com/2017/01/04/netflix-popular-tv-show/.

74. Neil Postman, Amusing Ourselves to Death: Public Discourse in the Age of Show Business(New York: Viking Penguin, 1985), pp.78, 87.

75. See Statistica, "Number of TV Households in the United States from Season 2000—2001 to Season 2014—2015", at www.statista.com/statistics/243789/number-of-tv-households-in-the-us/.

76. David Hinckley, "Average American Watches 5 Hours of TV per Day, Report Shows", New York Daily News, March 5, 2014.

77. See Nielsen, The Total Audience Report, 3rd Quarter 2016, at www.marketingcharts.com/television/are-young-people-watching-less-tv-24817/.

78. 2000年至2016年全球互联网使用统计数据来源于"互联网", Wikipedia, July 25, 2015, at https://en.wikipedia.org/wiki/Internet and Internet World Stats: Usage and Populations Statistics, "World Internet Users and 2016 Population Stats, " at www.internetworldstats.com/stats.htm。

79. 此段中的统计数据可在 Webroot 报告中查到，"Internet Pornography by the Numbers", at www.webroot.com/us/en/home/resources/tips/digital-family-life/inter net-pornography-by-the-numbers and in "Porn Sites Get More Visitors Each Month Than

Netflix, Amazon and Twitter Combined", Huffington Post, May 4, 2015, at www.huffing tonpost.com/2013/05/03/internet-porn-stats_n_3187682.html。其他开展互联网使用和人口统计这一重要研究的包括 Top Ten Reviews, "Internet Pornography Statistics Overview", at www. toptenreviews. com/software/articles/internet-pornography-statistics-overview/ and Jason Chen, "Finally, Some Actual Stats on Internet Porn", at gizmodo.com/5552899/finally-some-actual-stats-on-internet-porn。

80. "Pornography Statistics：Annual Report 2015", CovenantEyes, July 26, 2015, at www.covenanteyes.com/pornstats.

81. Ibid.

82. 1917 年 4 月 28 日，威尔逊总统令发表声明："鉴于美利坚合众国政府和德意志帝国政府之间处于战争状态，务必要确保公共安全，任何有利于敌人或其盟国的信息均不得传播。1917 年 4 月 6 日，国会通过宣布战争状态的联合决议，因此，依该决议及宪法赋予我的权力，禁止任何拥有、控制或操纵电报、电话线、海底电缆的公司及个人，向美国以外的地点发送信息，禁止传播从这些地点接收的信息，但战时电报电话部大臣或海军海底电缆部大臣，由其制定规则、发布政令许可的除外。为实现上述目的，这些部门分别被授予根据本命令制定、执行规章制度的职责。"

83. 参议院 1705 号法案，即 2015 年 7 月 7 日《2016 财年情报授权法案》。其第 603 节为有关动议措施的条款："恐怖活动及非法散播涉爆炸信息的报告要求。"其分节(a)规定："任何人，通过州际或对外商务设施、途径，向公众提供电子通信服务或远程计算服务时，如果获知任何恐怖活动的真实消息……应在合理时间内尽快向有关当局提供该恐怖活动的事实或情形。"分节(c)规定："本分节所指的事实或情形……包括散播涉及爆炸物、破坏性装置和大规模杀伤性武器的信息。"分节(d)涉及隐私保护，规定："本节中任何内容均不得解释为要求电子通信服务提供商或远程计算服务提供商——(1)监控其任一用户、订户或客户；或者(2)监控任何人的任何通信内容。"

84. Laura Wittern-Keller and Raymond J.Haberski, Jr., The Miracle Case：Film Censorship and the Supreme Court(Lawrence：University Press of Kansas, 2008), p.11.

85. 343 U.S. 495(1952)(也被称作《神迹》案)。

86. 当然，其他法律出于国家安全或淫秽管制以外的目的监管电子媒体。参见，例如，47 U.S.C. §223(骚扰电话) and 47 U.S.C. §227[广告电话(robo calls)]。

87. 18 U.S.C. §1464, upheld in FCC v.Pacifica Foundation, 438 U.S. 1726 (1978).

88. 47 U.S.C. §609.

89. 47 U.S.C. §223, Reno v.ACLU, 521 U.S. 844(1997)使该规定无效。

90. 47 U.S.C. §231, Ashcroft v.ACLU, 542 U.S. 656(2004)使该规定无效。

91. 413 U.S. 15(1973).

92. See Ronald Collins and David Skover, "The Pornographic State," Harvard Law Review 107：1374(1994)， expanded in The Death of Discourse, pp.139—200.

93. 未成年色情制品是主要的例外。参见 New York v.Ferber, 458 U.S. 747 (1982)(支持州儿童色情管制法，否决《第一修正案》的规定)；Osborne v.Ohio, 495 U.S. 103(1990)(支持州法律管制单纯占有儿童色情制品，否决《第一修正案》的规定)；United States v.Williams, 553 U.S. 285(2008)(支持联邦法律禁止儿童色情制品传播)。

94. 2016 年 5 月，戴格·吉特拉斯(Dag Kittlaus)， Siri 的联合创始人之一，Viv Labs 现任首席执行官，在纽约科技展上介绍了即将问世的最新人工智能助手。这项技术被称为"Viv"，其设计宗旨是应用在任何数码设备上(如苹果或安卓)处理叠加查询("stacked" inquiries)，如与原始查询相关的后续问题，并向能为该系统带来新功能和新服务的第三方开发人员开放。一旦 Viv 推出，她是否能超越其竞争对手获得普遍认可，还不得而知。See Elizabeth Dworkin, "Siri's Creators Say They've Made Something Better That Will Take Care of Everything for You"， Washington Post, May 4, 2016, at www. washingtonpost. com/news/the-switch/wp/2016/05/04/siris-creators-say-they've-made-something-better-that-will-take-care-of-everything-for-you；Lucas Matney, "Siri-Creator Shows Off First Public Demo of Viv, 'the Intelligent Interface for Everything'"， Techcrunch.com, May 9, 2016, at https：//techcrunch.com/2016/05/09/siri-creator-shows-off-first-public-demo-of-viv-the-intelligent-interface-for-everything/；and Justin Connolly, "Meet Viv-Your New Artificial Assistant"， Manchester Evening News, May 14, 2016, at www. manchestereveningnews.co.uk/news/artificial-intelligence-assistant-viv-siri-11331679.

95. 当我们使用机器人这个术语时，至少包括两方面基本含义：自动功能(如 Siri)和机械仿人形机，这两者都被嵌入人工智能中。

96. Harry Surden, "Autonomous Agents and Extension of Law：Policymakers Should Be Aware of Technical Nuances"， Concurring Opinions, February 16, 2012, at concurring opinions. com/archives/2012/02/autonomous-agents-and-extension-of-law-policymakers-should-be-aware-of-technical-nuances. html, pp. 3, 5—6 [萨米拉·乔普拉(Samir Chopra)和劳伦斯·怀特(Laurence White)专题讨论会上的文章 A Legal Theory for Autonomous Artificial Agents(Ann Arbor：University of Michigan Press, 2011)]。

97. Ibid.

98. "机器学习"是计算机科学中的一个术语，指的是计算机为了预测未来而对海量数据进行梳理的能力。它用于判断经济趋势、医学诊断、驾驶飞机和汽车、翻译文案、过滤垃圾邮件、解读图片和识别声音，除此之外还有诸多功能。机器学习方法差异巨大。"增强学习"是一种试错策略，它强化正结果，避免负结果，主要应用于高端经济学领域(例如，寻找纳什均衡)或完成排序任务(例如，博弈)。相反，"无监督学习"包括数据"聚类"和分析数据隐藏类别的过程(如收集无标签数据并推断信息结构)。参见 Yaser S.Abu-Mostafa, "Machines That Think for Themselves", Scientific American, July 2012, pp.78—81(描述 "机器学习"概念，解释说明机器学习的主要方法)。另见 Ian Barker, "What You Need to Know about Deep Learning", BetaNews.com, November 2, 2016, at betanews.com/2016/11/02/deep-learning-breakdown/(深度学习，"一般在神经网络中进行多层次数据处理，一层的输出作为下一层的输入"；有时称为分层学习或深度结构学习，它的目标是 "数据建模，以解决目标检测、面部识别、自然语言处理和语音识别等问题")；"Learning about Deep Learning", Re/Code, May 4, 2016, at recode.net/2016/05/04/learning-about-deep-learning/("理解深度学习的关键是，这一过程有两个重要但独立的步骤。第一，是对庞大的数据集进行全面分析，并自动生成'规则'或算法，它们用来准确描述不同对象的不同特征。第二，是将这些规则运用于实时数据分析，用以识别对象或情形，这一过程被称为推理")；Kevin Murmane, "What Is Deep Learning and How Is It Useful?", Forbes.com, April 1, 2016, at www.forbes.com/forbes/welcome/?toURL = http：//www. forbes. com/sites/kevinmurnane/2016/04/01/what-is-deep-learning-and-how-is-it-useful/(深度学习应用领域广泛，包括从强大的图像识别、卫星影像标签管理分析到治疗新疾病的药物测试或旧药再利用)；Jim Romeo, "The Emergence of Deep and Machine Learning", Digital Engineering, February 2, 2016, at www. digitaleng. news/de/the-emergence-of-deep-and-machine-learning/(机器学习快速发展，已应用于定向广告、推荐系统、欺诈检测和垃圾邮件检测等领域，并推动了自主驾驶或无人驾驶汽车的发展)；Sue Halpern, "How Robots & Algorithms Are Taking Over", New York Review of Books, April 2, 2015(review of Nicholas Carr, The Glass Cage：Automation and Us(New York：W.W.Norton, 2014)("虽然这些机器本身无法思考，但它们可以以不断增长的速度处理海量数据，并利用所学从事医疗诊断、导航和翻译等工作。再加上这些自我修复机器人，它们能够克服恶劣环境，如核电站和坍塌矿井，当有需要时，可以在没有人类干预的情况下自我修复")。

令人难以置信的是，谷歌的阿尔法狗掌握了高度复杂的棋盘游戏——"围棋"这项技艺，在首尔举行的一次公开锦标赛上，它击败了职业冠军李世石，这使深度学习再次登上新闻头条。参见 "Artificial Intelligence and Go：Showdown", Economist.com, March 12, 2016, at www.economist.com/node/21694540/print["A Go board's size 是指可以在围棋盘上对局的游戏数量很大：粗略估计有 10 个左右……(阿尔法狗的宗旨)是养成对弈的直觉，为自己发现人类棋手知道但无法解释的规则"]。

99. Alan Winfield, Robotics：A Very Short Introduction (Oxford： Oxford

University Press, 2012), pp.14—16.另见 Curtis E.A.Karnow, "The Application of Traditional Tort Theory to Embodied Machine Intelligence", at https：//works.bepress. com/curtis_ karnow/9/, pp. 3—4, 6—7（delivened the Robotics and the Law Conference, Center for Internet and Society, Stanford Law School, April 2013）（"因不知所以，人们发出赞叹'我不知道它们是怎么这么快做到的'，这是对机器智能一般印象的缩影……但真正的自主涉及自我学习：其程序并不是简单地运用人类的先验知识……而是形成自己的启发式算法……机器人在物理环境中工作，输入可能更为多样化，且在输入时就要对其加以说明——世界的步伐不能因不便而停滞。因此，正是大量不可预测的实时数据集，给机器人带来了挑战，并激发了创造自主机器人的愿望"）。

100. Winfield, Robotics, pp.15—16.

101. "The Dawn of Artificial Intelligence", p.2.

102. 参见 "AARON the Artist-Harold Cohen", PBS：Ask the Scientists, at www. pbs.org/safarchive/3_ask/archive/qna/3284_cohen.html(采访哈罗德·科恩(Harold Cohen), AARON 的创造者和顾问)。

103. See Tia Ghose, "A New Bot-ticelli? Robot Painters Show Off Works at Competition", LiveScience.com, May 19, 2016, at www.livescience.com/54794-robot-art-contest-winners. html；"Roboart—The $100,000 Robot Art Competition！", Robotart, at robotart.org/.

104. See William Hochberg, "When Robots Write Songs", The Atlantic, August 7, 2014, at www.theatlantic.com/entertainment/archive/2014/08/computers-that-compose/374916/.另见 Tim Adams, "David Cope：'You Pushed the Button and Out Came Hundreds and Thousands of Sonatas'", The Guardian, July 10, 2010, at www.theguardian.com/technology/2010/jul/11/david-cope-computer-composer(2010 年，计算机 Emily Howell 发行了第一张专辑《明由暗生》(From Darkness, Light), 它"由六个乐章组成，由两架钢琴演奏"）。

105. See Olivia Goldhill, "The First Pop Song Ever Written by Artificial Intelligence Is Pretty Good, Actually", Quartz.com, September 24, 2016, at https：//qz.com/790523/daddys-car-the-first-song-ever-written-by-artificial-intelligence-is-actually-pretty-good/；Jesse Emspak, "Robo Rocker：How Artificial Intelligence Wrote Beatles-Esque Pop Song," LiveScience.com, September 30, 2016, at livescience.com/56328-how-artificial-intelligence-wrote-pop-song.html.

106. See Evgeny Morozov, "A Robot Stole My Pulitzer！", Slate, March 19, 2012, at www.slate.com/articles/technology/future_tense/2012/03/narrative_science_robot_journalists_customized_news_and_the_danger_to_civil_discourse.html.关于《第一修正案》对美术、音乐和新闻计算机创作作品的影响，参见，例如，John Frank Weaver, "Robots Deserve First Amendment Protection", Future Tense：The

Citizen's Guide to the Future/Slate， May 15， 2014， p.14， at www.slate.com/blogs/
future_tense/2014/05/15/robots_ai_deserve_first_amendment_protection.html("这就是
美术、音乐和评论重大的潜在影响，与人类的美术、音乐作品及评论一样，它
们具有攻击性、启发性，甚至可能具有危害性。这种情况下，地方、州和联邦
政府可能会限制机器人言论")。

107. Jennifer Hicks， "Artificial Intelligence Beats a Path to Ecommerce"， Forbes.
com， September 23， 2016， at www.forbes.com/forbes/welcome/?toURL= http：//www.
forbes. com/sites/jenniferhicks/2016/09/23/artificial-intelligence-beats-a-path-to-ecommerce/
("在线零售商争抢与新人工智能技术合作或采用新人工智能技术，以促进客户互
动，实现与典型实体店等同的体验甚至是超越性体验")；Ben Rossi， "3 Ways
Artificial Intelligence Is Transforming E-Commerce"， Information Age.com， July 18，
2016， at www.information-age.com/3-ways-artificial-intelligence-transforming-e-commerce-
123461702/(用自然语言搜索代替精确的搜索引擎查询；开发个人虚拟购物助
手；收集、合并有关客户购物行为、偏好和品位的信息)。

108. 参见，例如，Elaine Ou， "Why Hire a Lawyer When a Robot Will Do?"，
Bloomberg.com， September 22， 2016， at www.bloomberg.com/view/articles/2016-
09-22/why-hire-a-lawyer-when-a-robot-will-do(搜索引擎 Luminance "研读了成千上
万的文件和合同条款"，"根据它们的相关性将大量法律文件打包分类")；Dan
Mangan， "Lawyers Could Be the Next Profession to Be Replaced by Computers"，
CNBC.com， February 17， 2017， at www.cnbc.com/2017/02/17/lawyers-could-be-
replaced-by-artificial-intelligence.html("法律，是尊重传统型和劳动密集型行业，
它处于转型前沿，人工智能平台会给法律工作方式带来显著影响。这些平台能
研读文件以获取诉讼中有用证据，审查和起草合同，管理公司风险以识别潜在
的欺诈或其他不当行为，或在公司收购前进行法律研究和尽职调查。至少目前
来说，这些任务主要是由人类律师完成的")；Charlie Sorrel， "Robot Lawyers
Are Here to Get You Out of Parking Tickets， Protect You from Cops，" Fastcoexist.
com， June 30， 2016， at www.fastcoexist.com/3061404/robot-lawyers-are-here-to-get-
you-out-of-parking-tickets-protect-you-from-cops(机器人律师，DoNotPay，为违停罚
单上诉客户提供建议，并生成上诉所需文件，"截至现在，英国和纽约在 21 个
月内共有 16 万张罚单被驳回")；另见 Shannon Liao， " 'World's First Robot
Lawyer' Now Available in All 50 States"， The Verge， July 12， 2017， at www.
theverge.com/2017/7/12/15960080/chatbot-ai-legal-donotpay-us-uk；Amanda Hunt-ley，
"Law Firm Hires First Ever Artificial Intelligence Lawyer"， Inquisitr.com， May 13,
2016， at www. inquisitr. com/3090963/law-firm-hires-first-ever-artificial-intelligence-
lawyer/("Ross"是机器学习计算机系统，它涉及高度复杂的自然语言处理和模式
识别，现正受聘于纽约律师事务所 Baker & Hosteller，用来协助人类律师处理破产
业务)；Monidipa Fouzder， "Artificial Intelligence Mimics Judicial Reasoning"， The Law

Society Gazette, June 22, 2016, at www.lawgazette.co.uk/law/artificial-intelligence-mimics-judicial-reasoning/5056017.article(决策算法有助于使法律推理"更快速、更高效、更一致")。

109. 参见，例如，Chris Neiger, "Google Sees a World Rife with Futuristic Robots", The Motley Fool, August 4, 2014, at www.fool.com/investing/general/2014/08/04/google-sees-a-world-rife-with-futuristic-robots.aspx(过去两年里，谷歌收购了8家机器人公司，目前正在研发家庭服务人工智能机器人，如老年人护理)。

110. 参见 Angad Singh, "'Emotional' Robot Sells Out in a Minute", CNN, June 22, 2015, at www. cnn. com/2015/06/22/tech/pepper-robot-sold-out["Pepper 是仿真机器人，据其日本发明人软银机器人公司(Softbank Robotics Corp)称，该机器人极为畅销，一分钟之内销售一空……在他的"内分泌型多层神经网络"中，Pepper 拥有一系列摄像头、触摸传感器、加速度计和其他传感器，他既能读懂你的情绪，又能发展自己的情绪……软银称，Pepper 可以进化感情，这些感情"受人们面部表情、语言以及周围环境的影响"]。

111. See, e.g., Alyssa Newcomb, "Hello Barbie: Internet Connected Doll Can Have Conver-sations", ABC News, February 17, 2015, at abcnews.go.com/Technology/barbie-internet-connected-doll-conversations/story?id= 29026245; Jingyi Low, "Could This Talking AI Barbie Be the Future of Children's Toys", Vulcan, March 17, 2015, at https://vulcanpost.com/195981/hello-barbie-talking-future-toy/; Andrew Tarantola, "Realdoll Invests in AI for Future Sexbots That Move, and Talk Dirty", Engadget, June 12, 2015, at www. engadget. com/2015/06/12/realdoll-robots-ai-realbotix/; George Gurley, "Is This the Dawn of the Sexbots?", Vanity Fair, May 2015, at www.vanityfair.com/culture/2015/04/sexbots-realdoll-sex-toys.

112. See, e.g., Matthew Hutson, "Our Bots, Ourselves", The Atlantic, March 2017, at www.theatlantic.com/magazine/archive/2017/03/our-bots-ourselves/513839/.

113. 参见，例如，Richard Lardner, "5 Things to Know about Artificial Intelligence and Its Use", ABC News, July 28, 2015, at abcnews. go. com/Technology/wireStory/things-artificial-intelligence-32743981[据专家称，"至少要 25 年，或许还要几十年，仿真机器人才能实现"。托比·沃尔什(Toby Walsh)是位人工智能教授，来自位于澳大利亚悉尼的新南威尔士大学，他说："硬件是仿真机器人最大的挑战"]; Jonathan Vanian, "Why Artificial Intelligence Is Still a Work in Progress", Fortune. com, May 23, 2016, at fortune. com/2016/05/23/google-baidu-research-artificial-intelligence/[据人工智能专家奥伦·埃奇奥尼(Oren Etzioni)说，由于目前机器学习的"99%仍是人类工作"，在机器能够自主、准确地从数据中学习之前，需要更好的软件开发模型]。

114. 主要参见 Collins and Skover, The Death of Discourse, pp.69—135("商业与通信")。

115. Mark Stockley, "Artificial Intelligence Could Make Us Extinct, Warn Oxford University Researchers", Naked Security, February 17, 2015, at https：// nakedsecurity. sophos. com/2015/02/17/artificial-intelligence-could-make-us-extinct-warn-oxford-university-researchers/；Samuel Gibbs, "Musk, Wozniak and Hawking Urge Ban on Warfare AI and Autonomous Weapons", The Guardian, July 27, 2015, at www.theguardian.com/technology/2015/jul/27/musk-wozniak-hawking-ban-ai-autonomous-weapons.

116. AI 研究员担心"真正智能机器人"会带来诸多威胁，其中有严重扰乱劳动力市场(如，在机器制造、行政办公及医疗保健等诸多领域，智能机器会淘汰其中的蓝领和低技能白领工作)，以及"机器人杀手"如梦魇般萦绕(如没有有效的道德规范，机器人会从事毁灭性的对外战争或国内恐怖活动)。参见，例如，Eric Horvitz, "AI, People, and Society," Science, July 7, 2017, p.7 ("对 AI 潜在缺陷的担忧冲淡了人们的兴奋之情……例如，数据支持分类器可以用于指导医疗保健和刑事司法中重大利害关系决策，因数据集中隐藏偏见，它们可能会受此影响从而推断出不公平、不准确的结论。其他紧迫的威胁包括……以新监督形式侵害公民自由……AI 犯罪，军事应用中的不确定影响，以及淘汰岗位工人、加剧财富不均的潜在可能")；Ben Hirschler, "Robots and Artificial Intelligence Erase 5.1 Million Jobs by 2020：D Report", Reuters, January 18, 2016, at www.rawstory.com/2016/01/robots-and-artificial-intelligence-could-erase-5-1-million-jobs-by-2020-davos-report/(在全球 15 个经济体中，约 65% 的劳动力流失)；Cecillia Tilli, "Killer Robots? Lost Jobs? The Threats that Artificial Intelligence Researchers Actually Worry About", Slate.com, April 28, 2016, at www.slate.com/articles/technology/future_tense/2016/04/the_threats_that_artificial_intelligence_researchers_actually_worry_about.html["牛津大学卡尔·弗雷(Carl Frey)和迈克尔·奥斯本(Michael Osborne)的一项研究表明，美国和英国近 50% 的工作均易受自动化影响"]；Douglas Bonderud, "Artificial Intelligence, Real Security Problems? Meet Frankenstein's Children", SecurityIntelligence.com, January 20, 2016, at https：// securityintelligence.com/artificial-intelligence-real-security-problems-meet-frankensteins-children/(即使机器人革命言过其实了，"人工系统在商业使用中的增长，的确会带来两个重大挑战：诚实的错误和蓄意的破坏……赋予 AI 过多的任务、急于求成或蓄意破坏，可能会给企业带来巨大困扰……更大的攻击面意味着更严重的问题，这要求在 IT 安全列表上给其更高的等级")；David Faggella, "Artificial Intelligence Risks-12 Researchers Weigh in on the Dangers of Smarter Machines", Huffingtonpost.com, March 1, 2016, at www.huffingtonpost.com/daniel-faggella/artificial-intelligence-r_b_9344088.html("潜在风险虽各不相同，但均令人惶恐不安：如，腐败领导人制定法律，催生了涉 AI 类压迫；破坏性资本主义；某些不可解释、不可验证的 AI，人类无法对其形成全面认知")。AI 可能产生重大

53

的积极福利效应，一些论证强调了这一观点，参见 Gonenc Gurkaynak， Ilay Yilmaz， and Gunes Haksever， "Stifling Artificial Intelligence：Human Perils"， Computer Law & Science Review， May 3， 2016， at dx.doi.org/10.1016/j.clsr， 2016. 05.003("现在考虑规制 AI 技术或 AI 研究，为时过早。尤其是如果这些规范可能阻碍发展，而这些发展对人类生存又至关重要")。有关 AI 威胁的争论较为激烈，我们对其展开了全面的了解，但在这些争论中，我们不需要也不支持任何一方。可以说，是否应监管受 AI 影响的经济领域，或者控制 AI 对公共福利及国家安全产生的威胁(如前面提到的)，我们并未在《第一修正案》中找到与之相关的重大论断。

第二部分：机器人和他们的接收者

让我们从头开始："国会不得制定任何法律……剥夺言论自由或出版自由；或剥夺人民和平集会和向政府请愿申冤的权利。"就我们的目的而言，重点词语的意义在于它们与技术的不同关系。演讲和集会传统上涉及非中介的人与人之间的互动，而请愿则涉及更多的内容——某种为请愿服务的技术形式。更进一步而言，还有新闻自由，这是一个固有的涉及一项技术的机构。[1]此外，自 19 世纪以来，电子技术极大地改变了我们对语言的理解。简而言之，美国的第一个自由(美国宪法修正案中赋予的自由)与技术息息相关。[2]

所有这些都要求我们重新考虑将宪法保护的范围扩展到一项技术意味着什么。这一挑战如此巨大，以至于我们需要重新思考《第一修正案》的方式。而且，没有任何技术能比机器人技术更进一步地突破那种思想的局限，在机器人技术中，算法输出和数据传输技术是这个领域的核心。

一、 概念性辩论

两个争议揭示了美国传统言论自由与机器人学之间的断层关系。第

55

一项涉及联邦航空管理局(FAA)对新闻采集无人机的监管。第二项是联邦贸易委员会(Federal Trade Commission)对谷歌搜索引擎程序的审查。虽然在这两起事件中都没有采用任何《第一修正案》所主张的司法解决方案，但争议的解决受到了言论自由的影响。换句话说，《第一修正案》促使这些问题首先得到审议并最终得到解决。

2014年5月，包括《纽约时报》、《美联社》和《华盛顿邮报》在内的主要媒体组织指责联邦航空管理局违反《第一修正案》中的新闻权利，同时禁止使用无人机拍摄新闻，使受到宪法保护的新闻业受到打击。这些媒体公司在美国国家运输安全委员会(National Transportation Safety Board)提交的一份名为法庭之友的简报中提出了他们的挑战，以支持电影制作人拉斐尔·皮尔克(Raphael Pirker)。皮尔克因在弗吉尼亚大学(University of Virginia)上空使用无人机拍摄宣传视频，被美国联邦航空管理局罚款1万美元。[3]8个月后，美国联邦航空管理局宣布与美国有线电视新闻网(CNN)和佐治亚理工学院(Georgia Tech Research Institute)达成一项协议，这一争端得以解决。该协议允许美国有线电视新闻网借助传播媒介为了新闻采集的目的安全有效地使用无人机，例如为了天气、交通和突发新闻事件的报道等。[4]两年后，美国联邦航空管理局发布了首个规定小型商用无人机重量不超过55磅的规定。[5]这些新的规则受到了企业的热烈欢迎，这些企业计划在很多方面使用无人机，从产品交付、灾难恢复、建筑、采矿和垃圾填埋场监督到最近迅速流行的无人机摄影业务。美国宪法《第一修正案》中，与小型无人机使用最相关的行业是新闻业，从小型周报到国际新闻公司。内布拉斯加大学无人机新闻实验室的创始人、传播学教授马特·韦特(Matt Waite)表示："无人机非常擅长提供引人注目的大规模新闻事件视频……新闻机构将在今后的每一次车祸、房屋火灾和社区节日上使用它们。"[6]

在第二个事件中，联邦贸易委员会于2011年发起了一项调查，调查谷歌的商业行为以评估该公司是否存在非法行为，即谷歌公司作为世界上最受欢迎的搜索引擎提供商，是否非法利用了其垄断力量，以确保在推广自己的产品和支付最高的广告商时获得优势。[7]联邦贸易委员会对"搜索引擎偏见"的调查结束时，委员会得出结论，谷歌在特定类别的搜索中突出地展示目标公司的财产状况，所使用的算法是可以改善用户体验的合理创新。伴随这一决定，委员会要求谷歌接受一个同意协议包：该协议要求谷歌修改某些其他商业惯例，例如竞争对手有权使用有价值的专利，使他们能够在智能手机、平板电脑和游戏机等流行设备的开发中有效地运作。[8]

学者和律师们因为这些争议和其他质疑而被激发并进行调查：

宪法对传统言论自由的保护范围是否应该扩展到计算机的算法输出和由机器人处理和传输的信息？

更具体地说，如果可以扩展，那么在何种程度上，宪法上的言论自由概念可以包括机器人言论的半自主创造和表达？

这些调查是宪法的首要或第一级问题，因为必须先确定《第一修正案》的适用范围问题，然后才可以提出第二级的问题，即在何种特定情况下应扩大《第一修正案》的保护范围(该第二级的问题将在第三部分进行分析)。[9]

34

关于这一问题，一方面存在"反对者"。这些学者和律师强烈反对将机器人言论自由纳入任何真正的宪法保护范围。在针对宪法《第一修正案》是否能够包括计算机和机器人表达的问题上，反对者中最直言不讳、毫不妥协的有蒂姆·吴(Tim Wu)教授、奥伦·布拉查(Oren Bracha)教授和弗兰克·帕斯夸尔(Frank Pasquale)教授。[10]反对者的反对通常是连续的，其中最重要的是如下的批评：

言论自由理论和学说只涉及人类的有意表达。机器人既不是人类，也不是有意识的说话者。

在谷歌搜索引擎争议事件的背景下，蒂姆·吴教授执意运用了这样一种论据。"保护计算机的'言论'只是与《第一修正案》的间接目的相关，该修正案旨在保护人类免受国家审查制度的侵害。"他坚持说："这条界限很容易划出：作为一般规则，非人类或自动选择不应被授予《第

57

一修正案》的完全保护，通常他们不应被视为'言论'。"[11]同样，布拉查教授和帕斯夸尔教授断言，"基于自主的言论自由理论不太可能将自动搜索引擎结果视为有利于个人自治或自我实现的言论"。[12]

言论自由保护与表达性和评价性行为相关，而与行为性或功能性行为无关。机器人语言的产物——无论是算法索引或者排名、电子数据收集和传递，还是其他任何东西——都比"命题论"更具"行为性"，比"对话论"更具"功能性"，比"意见论"更具"观察性"。布拉查教授和帕斯夸尔教授在他们对"搜索引擎语言"的描述中，将这一命题描述为一种交际含义，这种交际含义不涉及《第一修正案》的重大意义。

这种语言虽然具有不可否认的表达成分，但其主要特征是行为性的，而不是命题性的。它的主要功能不是表达意义，而是"做世界上的事"；也就是说，引导用户访问网站……用罗伯特·波斯特(Robert Post)的话来说，搜索引擎的言论……不是实现宪法《第一修正案》价值观的一种社会互动形式。[13]

35　　此外，蒂姆·吴教授甚至将这一一般性论证的限制原则命名为"功能原则"，即为了《第一修正案》的目的，应将机器的行为与人类表达区分开来：*

被忽视的是，差别待遇法院应该将通信工具与某些功能性任务紧密联系起来。仔细阅读相关案例就会发现，法院实际上在某种程度上限制了宪法《第一修正案》的范围，保留了国家对通信过程的功能方面进行监管的权力，在限制的同时也保护了与宪法修正案相关的表达方面。在这里，笔者进一步建议，该法律包含一个事实上的功能原则，它是任何考虑机器言论的核心。[14]

除此之外，也有机器人言论的"宪法保护提倡者"。他们强调人与机器人的交流。在很大程度上，他们认为机器人言论与赋予它权力的人

---

　　* 鉴于此，有人想知道蒂姆·吴教授会如何看待以下假设：特朗普总统基于对媒体报道感到愤怒而下令，新闻发布会期间不能使用音频和音视频设备。这样一项针对这些机器的禁令，是否会从表面上看不属于宪法《第一修正案》的范围？

有关，在机器人与人或其他机器人交流时，只不过将其视为人类委托人的法定代理人。对他们来说，宪法调查的重点是机器人输出与人类互动之间的联系。人类对机器人编程的投入越多，机器人的输出就越接近人类生成自己的表达，机器人的语言就越需要被包括，或许还需要被保护。

尤金·沃洛克(Eugene Volokh)、斯图尔特·迈纳·本杰明(Stuart Minor Benjamin)和乔什·布莱克曼(Josh Blackman)教授是最支持对机器人言论进行宪法保护、强调人与机器人交流原理的人士之一。例如，沃洛克[与唐纳德·M.福尔克(Donald M.Falk)一起撰写了一份受谷歌委托撰写的白皮书]声称：

> 谷歌、微软的必应、雅虎搜索和其他搜索引擎都是说话者。首先，它们有时传递搜索引擎公司自己准备或编译的信息……其次，它们将用户引向其他人创作的材料……这种对他人言论的报道本身就是受宪法保护的言论。再次，也是最有价值的，搜索引擎选择和排序结果的方式，旨在为用户提供搜索引擎公司认为最有帮助和有用的信息。[15]

同样，本杰明认为："涉及算法的事实并不意味着机器在说话。那是个人以一种其他人能够接收的方式发出了实质性的信息。"[16]布莱克曼将人与机器人交流置于他的《第一修正案》分析的中心："无论法院决定建立什么样的制度，都必须面对人机交流的本质……宪法调查的核心应该关注算法输出与人类互动之间的关系。"[17]

宪法保护的倡导者强调言论自由理论和学说，这些理论和学说支持以下论点：

机器人言论通常与人类编辑的判断相关。

沃洛克教授在很大程度上依赖计算机算法和人类编辑的判断之间的联系，认为搜索引擎对信息的选择和分类，包括对他人言论的引用，本

36

身就是受宪法保护的表达。"编辑的判断可能在某些方面有所不同",他和福尔克写道。

例如,一份报纸还包括编辑选择和安排的材料,而德拉吉报告网站(drudgereport.com)或搜索引擎的言论几乎完全由选择和安排到其他材料的链接所组成。但从本质上讲,这些判断都是编辑对用户可能感兴趣和有价值的内容的判断。所有这些编辑判断都受到《第一修正案》的充分保护……当一个说话者,比如谷歌,不只是作一个"包含或不包含"的判断,而是作很多关于如何设计算法来产生和排列搜索引擎结果的判断,这种《第一修正案》的保护就更加明显地表明,这些算法可能对用户最有用。[18]

同样,将搜索引擎的结果与报纸报道进行比较,本杰明教授也强调了编辑判断的重要性。"基于对用户利益的满足,将'谷歌区分'(differtiating Google)纳入《第一修正案》的保护范围,这将是《第一修正案》司法的一个重大转变",他断言,"因为那些坦率地关注读者或读者利益的出版物和编辑将得不到保护。过去,无论是杂志所有者(或有线电视运营商)只是在对市场机遇作出反应,还是在表达自己的主观偏好,都无关紧要"。[19]

宪法的标准是传达实质性信息。机器人言论由可发送和可接收的实质性信息组成,这些信息可以被识别为交际性言论。

在主张宪法保护算法输出的人士中,本杰明教授最强烈地强调,实质性信息的交流是《第一修正案》包括机器言论的决定性标准。"法院对第一修正案案件的试金石一直是潜在的活动所需要的思想的表达,即使它不是'一个狭隘的、可靠的、可解释的信息'。因此,沟通似乎至少需要一名发言者设法向能够识别该信息的听众传递一些实质性的信息",他解释道。

当人们创建算法,以便根据感知到的重要性、价值或相关性有选择地呈现信息时……他们是为了《第一修正案》目的而作为发言人(或至少是最高法院判例的发言人)。法院的司法中没有任何东西支持这样一个观点，即依赖算法将言论转化为非言论。标准是发送一个实质性的消息，这样的消息可以通过算法发送，也可以不通过算法发送。[20]

沃洛克和福尔克教授也加入了这一思路，他们对搜索引擎结果只是功能性产品的观点提出了异议；相反，他们认为计算机传达的是构成纯粹表达的实质性信息。他们争辩说："搜索引擎关于商品和服务的言论是供人们在闲暇时阅读和评估的，而且，人们常常对于评论是带着怀疑态度的，所以该言论并不是一种类似指南针的'实物产品'。"更确切地说，像《蘑菇百科全书》一样，搜索引擎输出的信息"是纯粹的表达"，而且对这些信息的格式和分布的限制涉及《第一修正案》。[21]

尽管在概念上存在差异，反对者和支持者至少在一个关键方面是相似的。他们都忽略了一些非常重要的东西。这是在法律法规或评论中找不到的东西。相反，它与我们如何从信息中获得派生意义有关。正是这种关注引发了 20 世纪 60 年代和 70 年代文学批评和文化研究学者之间的争论。这些经验教训为分析机器人的表达提供了必要的概念结构。也就是说，从这场辩论中产生的教训，对许多宪法保护机器人言论的反对者具有实质性的影响。现在我们来学习这些课程。

二、 哪里有意义？

在很大程度上，反对者和宪法拥护者的观点都回避了一个重要的问题：如果宪法的保护范围通常是由于言论的"意义"而赋予它的，那么在任何表达中都能找到意义吗？在更专业的术语中，意义的位置主要在(1)文字、文本或数据中吗？(2)将意义注入其文字、文本或代码的说话者、作家或程序员的意图；(3)无论这些词语、文本或数据是如何传递的，作为与词语、文本或数据交互的听众或读者的接收者；或者(4)所有这些，尽管方式不同？

大约 50 年前，在文学批评和文化研究领域引发了一场激烈的辩论，言论"意义"是如何产生的问题是这场辩论的核心。争论的关键是"读者反应批评"或接受理论。"读者反应批评"是一种文学理论流派，主要关注读者对文本(无论是抄写的、印刷的还是电子的)的解读(或"体验")。读者作为接收者是焦点。与之形成鲜明对比的是，文本解释的形式主义或结构主义观点强调作者的意图或文本本身的实质内容和形式。在这里，作者作为文本本身的发送者是焦点。尽管早期的文学理论对读者参与文学作品的作用给予了一定的关注，但美国和德国的读者反应批评的现代流派可以追溯到20世纪60年代和70年代的学术作者的研究，例如斯坦利·菲什(Stanley Fish)、诺曼·霍兰德(Norman Holland)、沃尔夫冈·伊塞尔(Wolfgang Iser)和汉斯·罗伯特·贾斯(Hans Robert Jauss)等人物。[22]

38　　　　尽管读者反应批评学派的方法多种多样，但所有方法基本上都是由一种信念统一的，即文本的意义不在文学作品本身的范围之内。文学作品的实现主要是通过读者与文本的融合——读者主动创造意义，不是通过从文本中提取出作者的意图，而是通过对文本的体验。换句话说，作品的"真实存在"是由读者作为一个积极的主体所赋予的，是由读者在阅读过程中所衍生出来的阐释所完成的。[23]

　　简而言之，读者是意义的中心，因为"意义产生或不产生的地方是读者的思想，而不是印刷的书页或书的封面之间的空间"。[24]这一点在学术交流中得到了体现，学术交流的灵感来自一个颇具争议的"波浪诗"假设，[25]为了清晰起见，我们改变了这个假设。沙滩上的一辆婴儿车可能被理解为沙滩上的和平象征，此时正值政治动荡时期。事实证明，这个符号只不过是海潮冲积泥沙的结果。然而，在解释的时候，意义是否取决于是由人类还是海洋体创造了这个符号？[26]

　　那么，这个来自文学批评的例子如何适用于我们的宪法调查呢？把机器人的言论想象成某种类似于波浪言论的形式。在这方面，几乎相同的争论已经从文学批评的立场转移到机器人学的领域。事实上，类似的争论也反映了自由言论学者之间关于机器人言论的含义、意义和宪法范围的争论。

有些人认为，说话者的意图对言论保护很重要，以至于机器人产生的非人类和非意图的言论，至多会被怀疑是重要的宪法认可的候选人。

莱斯利·肯德里克(Leslie Kendrick)教授虽然没有涉及机器人表达的问题，但他有力地指出，在《第一修正案》承认言论自由保护的前提下，说话者的意图是必要的。[27]简而言之，肯德里克的论点是，《第一修正案》使得说话人的意图成为许多种类的言论被包括和保护的一个关键标准，因为强烈的直觉阻碍了说话者对言语相关的伤害负有严格责任。这些观点最好用对说话人意图的法理利益来解释。此外，言论自由保护的自治理论为这一利益提供了最令人信服的理由，并提出了在政府可能对说话人进行监管之前，需要什么样的意图。用她自己的话来说：

> 纵观《第一修正案》，对言论的保护往往取决于说话者的心理状态或意图。同样的陈述可以是受保护的辩护，也可以是不受保护的煽动，这取决于说话者是否打算立即造成即将发生的不法行为或暴力。只有当说话者意图恐吓时，威胁才不受保护。只有在经销商意识到不顾事实地传播这些材料内容时，淫秽或儿童色情制品的分销才不受保护。一些虚假和诽谤性的陈述只有在说话者知道它们是虚假的或有明确理由相信它们是虚假的时，才不受保护。其他的例子比比皆是。如果说话者的意图与说话所造成的伤害无关，那么如何解释这种对说话者思想内容的普遍兴趣呢?[28]

在此基础上，肯德里克继续说道：

> 关于说话者意图的争论始于这样一种直觉，即认为说话者对与言论有关的伤害负有严格责任似乎是错误的……对多个案例的直觉最好的解释是，对与言论相关的伤害负有严格责任，这对作为说话者的说话人(说话主体)是不公平的。如果严格责任因以说话者为导向

的原因而被认为是错误的,那么说话者的意图必须对言论保护起重要作用。[29]

最后,她将注意力转向自治理论,以支持她的论点:

此外,这一结论既支持自由言论理论又被现有的自由言论理论范畴所支持,即自治理论。自治理论认为,人的地位即表现为作为自治主体能够形成自己的思想和信仰,产生的理由是言论受到特别保护,免受管制。自治理论解释了为什么严格责任不适用于言论,不管法律的其他领域遵循什么原则。自治理论报告还表明,为了使监管得到许可,何种程度的意图是必需的。[30]

我们非常重视肯德里克教授的论文,因为在我们的背景下,她的论点必然将挑战我们关于《第一修正案》范围的概念,即关于非人类和非意图机器人表达的概念。虽然肯德里克的推理有明显的吸引力,但我们最终还是没有被说服。除其他挑战外,我们还必须提出以下问题:

首先,作为基本民事侵权或犯罪的基本要素,心理要素(或故意)是否与《第一修正案》对侵权或犯罪言论的保护同等重要? 例如, 故意是构成非法欺诈、诽谤或真正威胁的必要因素;没有故意,法律根本不会将表达行为作为侵权或犯罪来惩罚。从这个意义上说,这种故意或意图可能作为《第一修正案》保护这些表达活动的一个因素而存在。换句话说,如果没有故意或意图,表达行为一开始就不能作为侵权行为或犯罪而受到惩罚,也根本不属于《第一修正案》对政府管制此类侵权行为或犯罪行为的关注范围。其次,考虑《第一修正案》保护的言论类别,通常不涉及潜在侵权或犯罪。如果不是一般情况,难道不是经常在法律上认为意图与保护这些类别无关吗? 例如,美国宪法《第一修正案》对商业广告的保护,似乎并不是基于说话人的意图,而是在很大程度上从观众或听众的角度来看言论的价值。那么,这说明了《第一修正案》范围

40

的意图的核心是什么呢？

最后，更直接地，我们分析的观点是，既然机器人的行为既不侵权也不犯罪，那么宪法《第一修正案》对它们的表达活动的保护，能不能不以它们为接收者所产生的信息的价值为基础呢？从这个意义上说，自由言论包括计算机言论避免了对机器人的法律人格或自治的所有规范性关注。

当然，对这些问题的答复需要充分考虑我们即将提出的论点，特别是我们的建议，即《第一修正案》在机器人和接收者的交际中承认"无意图言论自由"，以及我们对这种承认所促进的法律价值的讨论。

三、 另外两个概念

与意图主义者形成鲜明对比的是，有些人贬低说话人的意图，认为它是言论保护意义的来源，而在数据本身中则是情境意义，因为它有可能提供信息，并激发新的主张和观点。从这个角度来看，机器人的数据就是言论，因此符合宪法的保护范围。简·巴伯尔(Jane Bambauer)教授和詹姆斯·格林梅尔曼(James Grimmelmann)教授都将《第一修正案》的实质性保护扩大到计算机数据，因为它具有提供信息的潜力，但他们这么做的依据各不相同，有时会产生不同的效果。[31] 对于巴伯尔来说，根据《第一修正案》中"任何时候，只要它有意干扰知识的创造"以及"禁止数字信息的创造、维护或传播的法律试图通过限制知识的积累来实现其社会目标"，政府的监管应该引发更严格的司法审查。因此，数据隐私法、商业秘密法、反黑客法和其他为保护信息安全和维护经济激励而制定的信息法，根据保护"思想自由"的《第一修正案》，都应该受到怀疑。[32]

相比之下，格林梅尔曼完全专注于《第一修正案》应包括搜索引擎评级，并得出结论，这种算法交流应该受到保护，主要因为搜索引擎是一个"值得信赖的顾问……搜索结果不是用户为自己的利益而消费的产品；这只是一种用户找到网站的方式，即用户真正重视的是该网站的言论"。然而，这一咨询理由将允许政府监管，以确保"带有实际恶意的虚假排名可能是可诉的"。格林梅尔曼的结论是，"搜索排名在主观上不诚实的情况下可在侵权行为中被起诉。排名是完全错误的是指，当它是在知道错误的情况下给出的，或是在不计后果地无视搜索引擎评估用户的相关性判断的内部标准情况下给出的"。[33]

41 　　虽然巴伯尔—格林梅尔曼方法的某些方面可能会为《第一修正案》对机器人表达的包含提供信息，尽管我们自己的论点可能因此与他们的推理和结果产生共鸣，但我们之间仍然存在显著的差异。在一开始，我们两位研究《第一修正案》的同事都是以规范价值理论为基础进行分析的，这些理论没有考虑到读者反应批评和接受理论的关键教训，而读者反应批评和接受理论为我们提供了帮助。此外，两位同事都将大部分注意力集中在所谓的受保护和未受保护的计算机数据之间的合理区别上，以及达成此类裁决的适当司法审查形式上；然而，我们强调——而且值得重申的是——我们在这里的重点不是次要问题，即不受保护的言论类别的适用或者平衡竞争的政府监管利益，而是主要问题，即《第一修正案》对传统言论形式的保护范围是否以及为什么应该扩大到由机器人处理和传输的数据。

　　此外，在《第一修正案》的规范价值分析中，两位同事都强烈强调计算机数据提供的信息功能。这在巴伯尔的思想中显然是很重要的，因为她断言，"很多时候，国家因为向人们提供信息而对信息进行精确的监管，这项监管引发了《第一修正案》"。[34]不同的是，信息功能是格林梅尔曼的"顾问理论"的必要条件，该理论证明了《第一修正案》对搜索引擎结果的保护的正当性：描述意见的自由表达是一个工具性目标：它有助于鼓励创造更好和更准确的世界知识。[35]虽然我们自己的观点（在下一节中介绍并在第三部分中详细阐述）承认并重视机器人表达的信息功能，[36]本书将《第一修正案》的范围从信息性扩展到功能性表达，其主要有功利主义的目的或纯美学的目的。[37]

最后，鉴于我们的同事强调个人有权获取信息，以此作为保护计算机数据不受政府监管的基础，他们的分析与《第一修正案》中获得信息的权利这一实质性理论显著相关。在这方面，巴伯尔教授明确声明，"直到今天，获取信息的权利仍然不发达。它与言论自由的关系是尴尬的。法院认识到，没有获得信息的自由言论权是空洞的，但宪法对信息的保护尚未实现一致性"。[38]尽管我们意识到，不同的法律理论有时可能会为机器人交流的宪法范围提供信息，但我们明确地将读者反应理论与宪法赋予的任何获取信息的权利区分开来。[39]

因此，从本质上说，《第一修正案》意向性论者和非意向性论者之间关于机器人言论的含义、意义和宪法范围的辩论，在很大程度上反映了历史上文学理论流派之间关于文本解释和读者体验的争论。然而，这是一个具有讽刺意味的观察。因为即使是最善于保护言论的理论家也没有充分认识到从读者反应批评和接受理论中吸取教训的重要性。相比之下，我们的"无目的言论自由"理论则是建立在这些教训的基础上的。

42

四、 无意图的言论自由

在这样的背景下，可以考虑以完全不同的角度讨论《第一修正案》对机器人表达的涵括。在这一背景下，将《第一修正案》理论结合读者回应批评和接受理论为原则进行讨论。考虑从"接收者"的经验中评估机器人言论的含义和重要性的概念后果。如果你考虑到这些因素，你就会明白《第一修正案》中"没有意图的言论自由"[40]理论的道理和意义。

首先，宪法《第一修正案》保护词语、文本、图像、声音和数据的表达意义，而表达意义实质上是由"接收者"(无论是读者、倾听者、观察者还是数据用户)的思想和经历(如果不是全部)构成的。到那时，大多数反对宪法包括机器人言论的观点将会消失。机器人不是人的表达者，这对言论自由救济应该是无关紧要的。机器人不能被公平地界定为有意图，这也无关紧要。机器人不能通过进行对话交流来表达命题或观点，这应该是无关紧要的。从宪法的角度来看，真正重要的是，接收者将机器人的言论视为有意义的、潜在有用的或有价值的。从本质上讲，这是对机器人和接收者交流的宪法认可。

我们提倡作为《第一修正案》保护范围的基本解释理论，这必须被理解为不同于《第一修正案》获得信息权的实质性理论，我们不需要在这里提倡信息权的实质性理论。后者源于最高法院在马丁诉斯特拉瑟斯(Martin v. Struthers, 1943)[41]一案中的判决，同时演变为一种矛盾的方式，主要是围绕公众从图书馆中获取信息的法律争议。[42]重要的是，"无意图的言论自由"(IFS)的显著性并不依赖于宪法《第一修正案》赋予公众的任何肯定的知情权；作为宪法范围的解释理论，它完全符合以文本为基础的主张，即《第一修正案》对国会施加限制，从而间接地保障了言论、新闻、集会、请愿和宗教的消极自由。

如果仅仅因为启蒙运动对对话真理寻求的关注和现代对人类自我表达的迷恋，那么无意图的言论自由就能使自由言论法学中长期被严重掩盖的东西得到大胆的解脱。事实上，美国言论自由法中的一些重要理论，通常看似莫名其妙或不协调，但在毫无意义的言论自由语境中则变得可以理解和恰当。

43　　尽管这看起来很奇怪，但最高法院对没有意图的言论自由前提给予了有意义的信任，其程度超过了迄今为止人们所意识到的程度。只考虑几个说明问题的例子：

一是非淫秽色情言论。我们是否因为说话者的意图或接收者的经验而保护非淫秽色情言论？[43]我们认为前一项提议是荒谬的，因为色情作品作者的意图不是宪法计算(Constitutional Calculus)的一个有关部分。《第一修正案》对无保护的淫秽行为的定义是在米勒诉加州案(Miller v. California)中确立的。[44]米勒的理论标准侧重于"普通人"(在相关的地方或国家社区)对作品(一本书、杂志、电影或视频)的解释性体验，其中描述或描述的性行为由适用的州法律来明确界定。作为不受保护的淫秽，审查者必须确定作品"作为一个整体"，对性有"淫欲的兴趣"，是"明显的冒犯"，并缺乏"严肃的文学、艺术、政治或科学价值"。[45]

从根本上讲，这些标准探讨了普通社区成员从其从事色情工作的经历中获得的含义和意义。由此可知，无意图言论自由既澄清又简化了监管理论的合理性。

非淫秽色情作品在宪法上被包括和保护，是因为它的读者和观众在色情的文字和图片中发现了实质性的意义和价值(无论多么色情化)。

二是企业商业言论。我们保护企业的商业言论，主要是因为广告商的意图，还是因为接收者的经验? 最高法院在 1976 年弗吉尼亚州药事委员会诉弗吉尼亚州公民消费者委员会(Virginia State Boarol of Pharmacy v. Virginia Citizens Consumer Council)一案中首次明确承认，对"只是提出商业交易"的广告进行言论自由保护。[46] 布莱克门·哈里(Blackmum Harry)法官对最高法院的意见在很大程度上取决于商业言论对接收者的重要性——无论是个人消费者还是整个社会："总的来说，民营经济的决策要明智、见多识广，这事关公共利益。为此目的，商业信息的自由流动是必不可少的。"[47] 为了忠实于这一主张，布莱克门在辛辛那提市诉探索网络公司案(City of Cincinnati v. Discovery Network, Inc., 1993)中阐述了他的消费者—接收者理论基础。[48] 在那里，他辩称，"有关合法活动的真实、非强制性的商业言论，有权受到《第一修正案》的全面保护……被告探索网络公司，所做的广告是提供成人教育，娱乐和社会项目。我们的案例始终认识到教育对个人专业和个人发展的重要性"。[49]

特别具有指导意义的是，法院在 1996 年利口马特公司诉罗德岛案(Liquormart, Inc. v. Rhode Island)中的判决，使得一项州法令失效，该法令禁止"以任何方式"对任何酒精饮料的价格进行广告宣传，但在有执照的场所内以及街道上看不到的价格标签或标志除外。[50] 在此，法官们一致认为，广告商的非人类性、企业性与宪法无关。广告或商业广告的

44

言论自由意义完全在于它对消费者的潜在意义或价值。大法官约翰·保罗·史蒂文斯(John Paul Stevens)在描述《第一修正案》保护商业言论的规范价值时,强烈反对政府以家长的方式试图操纵广告对消费者的潜在意义或价值。"禁止真实、不具误导性的商业言论",史蒂文斯断言:通常只是基于一种冒犯性的假设,即公众会对真相作出"非理性"的反应。《第一修正案》要求我们对监管尤其持怀疑态度,这些监管试图让人们对政府认为对他们有益的事情一无所知。这种教导同样适用于政府试图剥夺消费者知悉对其所选产品的准确信息。[51]

三是暴力视频游戏言论。我们保护电子游戏技术主要是因为程序员的意图还是因为接收者的经验? 布朗诉娱乐商人协会一案(Brown v. Entertainment Merchants Association, 2011)[52]推翻了一项旨在保护未成年人的暴力电子游戏法。案件的辩论和解决——以及言论自由价值的焦点——显然取决于从事电脑娱乐的年轻玩家头脑中创造的叙事意义。

大法官安东宁·斯卡利亚(Antonin Scalia)在法庭上的观点明确将电子游戏类比为其他受宪法《第一修正案》保护的娱乐形式,无论是印刷版还是电子版,孩子们都会互动地参与创作和体验叙事意义。"就像之前受保护的书籍、戏剧和电影一样",斯卡利亚辩称,"电子游戏通过许多熟悉的文学设备(如角色、对话、情节和音乐)以及媒体特有的功能(如玩家与虚拟世界的互动),交流思想,甚至传递社会信息"。这足以授予第一修正案对其进行保护。[53]有趣的是,斯卡利亚在驳斥政府的论点时,对读者反应批评和接受理论给予了肯定,尽管这可能并非有意为之。"加利福尼亚声称电子游戏存在特殊的问题,因为它们是'互动的'",斯卡利亚解释说。但正如波斯纳法官所观察到的,所有的文学作品都是互动的。文学作品越好,互动性就越强。当文学作品成功时,它会把读者吸引到故事中来,使读者与人物产生共鸣,并且会邀请读者评判他们,与他们争吵,以读者自己的方式体验他们的快乐和痛苦。[54]

45 　　还有更多。在这一切中,似乎正在出现的是一种对读者反应批评和接受理论的法理理解，尽管这种理解尚处于萌芽阶段。根据这一标准，接收人的言论体验被认为是构成言论宪法意义的一个基本方面，不论是否为人，不论有意或无意。

五、 理论与实践：信息是媒介

有时理论指导实践。当技术的创造或发展落后于可能证明其宪法地位的概念结构时，情况就是如此。在许多重要的方面，这就是我们目前对法律和机器人学现状的看法。

回想一下我们在第一部分中介绍的一阶机器人，在这个领域中，计算机和机器人所做的工作以及它们所收集和提供的信息绝大多数由它们的程序员决定，并受到它们的"智能"的限制。尽管当代人工智能的发展可能令人印象深刻，但它们还没有真正达到二阶机器人的水平，即自主学习、自适应和几乎自治的机器人领域。

然而，无论我们是直接处于一阶机器人阶段，还是处于二阶机器人的萌芽阶段，我们仍然面临着《第一修正案》的解释性时刻，即政府法规影响机器人输出。毕竟，宪法意义的问题仍然是最重要的，如果无意图言论自由理论阐明了这种意义存在于信息的接收者之中。

显然，在这一点上，我们主要关注的是机器人表达的宪法意义，这主要是通过人类接收者来解释的。回想一下，我们对"波浪诗"假设的变化支持了我们的无意图言论自由理论，因为海滩上的行人解释并发现了由于海洋潮汐冲刷而在沙滩上产生的和平符号的意义。然而，如果人类只是事实数据的最终接收者，而事实数据是由多台计算机或机器人传达和"解释"的一长串信息的集合，那么会发生什么呢？如果有的话，《第一修正案》对这种中级机器人交流的保护范围是什么呢？

以一个投资者为例，他向一个"机器人交易员"提供25万美元，用于一天的股票买卖。在随后的交易中，许多机器人或机器人部件彼此进行成千上万次的算法交换。在一天结束时，将产生一份报告，报告会通知投资者交易所产生的收益或损失。在这种情况下，人类投资者并不是交易过程中的信息接收者，因为机器人交易员的目标是利用收集到的相关数据"作出有意义的"交易，为其买卖决策提供信息。尽管如此，在这个例子中存在着一种真正的《第一修正案》经验——当只关注基于事实的最终产品而不是更广泛地关注使该产品成为可能的中间步骤时，这种经验很容易被忽视。

46　　　　即使当机器人或机器人部件彼此交流时，仍有"有意义的"信息在来回传递——所有这些信息都是由人类投资者在交易中形成的，最终以他或她接收机器人交易员的报告而告终。简而言之，机器人之间的交流是在人类目标的要求和服务下进行的。假设投资者的目的和目标是合法的，仅机器人交易员的信息交流就使得这些商业目标成为可能。那么，为什么这个过程中的中间阶段——交流阶段——应该被视为不值得被《第一修正案》包含的阶段呢？　此外，就无意图言论自由的目的而言，机器人交易员的报告是否只是对一系列事实的交流并不重要，因为这些事实几乎没有意识形态或评估意义。列举犯罪受害者、被指控的少年犯或被驱逐的房客的报告，以及其他事实和数字的清单，已被《第一修正案》所包括。[55]从概念上讲，我们对最高法院在索雷尔诉艾姆斯健康公司案(2011)[56](Sorrell v. IMS Health Inc)中所宣布的情况表示支持，该案认为佛蒙特州的一项禁止销售、转让、披露和使用披露医生处方行为的计算机化药房记录的法律违反了宪法《第一修正案》，虽然该法律是为了阻止数据采掘者侵犯隐私而制定的。安东尼·肯尼迪(Anthony Kennedy)法官在法院的意见承认，计算机生成数据的创造和传播不仅仅是商业行为；相反，大多数人认为"信息就是言论"，计算机化的数据构成了"有助于药品营销的言论"，因此是"受《第一修正案》言论自由条款保护的一种表达形式"。[57]如果计算机表达在促进某些合法目标(如"药品营销")方面的效用使得计算机表达符合《第一修正案》的范围(甚至是保护范围)，那么，如果任何其他合法目标在很大程度上可以在没有任何人为干预的情况下实现，它是否会对最终以事实为基础的报告所传达的计算机生成信息产生任何影响？我们不这么认为。

正如我们的无意图言论自由提议所表明的那样，我们是机器人非凡慷慨的接收者，是那些为它的数据注入意义的人。诚然，这种输入可能以多种方式表现出来，就像多个机器人来回传输数据，直到信息最终传递给人类用户或接收者。接收者可能出于任何目的对这些信息进行估价，无论这些目的是经济的、教育的、科学的、军事的、艺术的、社会的，还是仅仅是功能性的。因此，意义继续循环。

如果所有这些都是这样的话，那么我们的分析就会产生更多的哲学思考。合法的信息，合法的传达，是有用的——以至于在我们高度发达的技术文化中，我们不敢想象没有它的生活是什么样子的。举个例子，只要想想"智能手机"是如何改变我们的生活、沟通以及处理我们的教育、商业和社会事务。这种功利主义功能，当在某一点上与数据传输相联系时，会加强潜在的《第一修正案》保护，哪怕只是因为这种信息的传输使现代生活成为可能，甚至在许多情况下变得更好。计算机信息介于人类或机器人发送者和人类或机器人接收者之间。这就是宪法《第一修正案》的指导方针。

47

正如我们在这一点上所建议的，我们将在第三部分更全面地看到，效用是新的《第一修正案》准则——一种如此强大的准则，它不仅将显著改变我们的生活方式，还将显著改变我们在机器人时代对世界的理解。

注释

1. 在一篇关于《第一修正案》新闻自由条款历史的文章中，尤金·沃洛克(Eugene Volokh)教授认为在1791年制定《权利法案》的时候，人们并不理解新闻自由(也不理解《第十四修正案》批准的时机)是保护新闻作为产业的权利，(因此限制了记者和出版商的权利)而不是保护新闻作为技术的权利(因此，人人都有权使用大众通信技术)。See Eugene Volokh, "Freedom for the Press as an Industry, or for

the Press as a Technology? —From the Framing to Today", University of Pennsylvania Law Review 160:459(2012).对于新闻自由条款，沃洛克教授以技术为中心的方法与我们自己以媒体为中心的《第一修正案》作为一个整体的做法产生了共鸣——既涉及通信媒体的历史演变，也涉及机器人时代言论自由主义和理论的未来发展。对于其他富有洞察力的工作振兴新闻条款，参见 Sonja R.West, "Awakening the Press Clause," UCLA Law Review 58:1025(2011)。

2. 在早期的作品中，我们考虑了法律的各种形式与创造和传播的技术方法之间存在的关系。我们认识到很少有人注意到法律传播的重要性，因此我们认为，要对我们的法律文化有深刻的了解，就必须真正认识到它的传播方式所起的作用——不论是口头的、书面的、印刷的还是电子的。我们的结论是，电子视听技术的日益普及将重塑法律解释、制度和理论。参见 Ronald K.L.Collins and David M.Skover, "Paratexts", Stanford Law Review 44:509(1992). See also Ronald K.L.Collins and David M.Skover, "Paratexts as Praxis", Neohelicon 37:33(2010) (为法律研究从以印刷为基础的案例手册模式转向电子教科书模式，绘制出技术、操作、制度、商业和理论方面的影响)。

3. See Jeff John Roberts, "Ban on Drone Photos Harms Free Speech, Say Media Outlets in Challenge to FAA", Gigaom, May 6, 2014, at https://gigaom.com/2014/05/06/ban-on-drone-photos-harms-free-speech-say-media-outlets-in-challenge-to-faa/; Margot Kaminski, "Drones and Newsgathering at the NTSB", Concurring Opinions, May 9, 2014, at concurring opinions.com/archives/2014/05/drones-and-newsgathering-at-the-ntsb.html.

4. See Stephen Kiehl, "FAA Grants CNN Permission to Test Drones in News Gathering", Global Policy Watch, January 13, 2015, at www.globalpolicywatch.com/2015/01/faa-grants-cnn-permission-to-test-drones-in-news-gathering/.

5. 美国联邦航空管理局的新规定要求无人机爱好者在该局注册无人机，通过背景国家安全检查，并获得远程飞行员证书(这个过程远比获得商用飞行员执照要便宜和简单)。最恼人的制约包括使用上的限制：无人机必须在日间使用，必须将其保持在视线范围内(不可借助望远镜)，飞行时速不超过 100 英里每小时，高度不超过 400 英尺。由于这些限制超过了欧盟内其他支持商用无人机的政策，一些热衷于商用无人机的人士批评美国联邦航空管理局未能满足实际需要。参见 Federal Aviation Administration, "Fact Sheet—Small Unmanned Aircraft Regulations(Part 107)", June 21, 2016, at www.faa.gov/news/fact_sheets/news_story.cfn?newsId=20516; Kevin Baird, "New FAA Rule Simplifies Commercial Drone Process", News-Miner, June 23, 2016, at www.newsminer.com/news/local_news/new-faa-rule-simplifies-commercial-drone-process/article_595d696e-3856-11e6-b834-a3f1b86a1669.html; Tero Heinonen, "Here's What's Miss-ing from the New Drone Regulations", TechCrunch.com, June 29, 2016, at https://techcrunch.com/2016/06/

28/heres-whats-missing-from-the-new-drone-regulations/(目视无人机飞行还不够)。

6. See Kelly Moffitt, "As New Rules Go into Effect for Commercial Drone Operations, Here's What You Need to Know", St. Louis Pubic Radio News, August 31, 2016, at news. stlpublicradio. org/post/new-rules-go-effect-commercial-drone-operations-heres-what-you-need-know#stream/0 (quoting Matt Waite); Will Coldwell, "High Times: The Rise of Drone Photography", The Guardian, 17 June 2016, at www. theguardian.com/travel/2016/jun/17/why-drone-photography-offers-a-different-view-of-travel. A more comprehensive description and analysis of the increasing use of drones for researching and newsgathering purposes is given in Phillip Chamberlain, Drones and Journalism: How the Media Is Making Use of Unmanned Aerial Vehicles(New York: Routledge, 2017).

7. See Eugene Volokh and Donald M. Falk, "Google: First Amendment Protection for Search Engine Results", Journal of Legal Economics and Policy 8: 883 (2012) (scholarly description of the Google controversy); Richard G.Marcil, "Do Robots and Computers Have Free Speech Rights under the First Amendment? The Day Is Coming(Bad Idea!) When They Might", Macomb Township Patch, at patch.com/michigan/macomb/bp-do-robots-and-computers-have-free-speech-rights-ub133d295b2 # . U_fhKrdOXVg(newsletter report summarizing the FTC's investigation into Google's potential antitrust monopoly violations and the company's First Amendment defenses).

8. See Federal Trade Commission, "Google Agrees to Change Its Business Practices to Resolve FTC Competition Concerns", Federal Trade Commission Press Release, January 3, 2013, at www. ftc. gov/news-events/press-releases/2013/01/google-agrees-change-its-business-practices-resolve-ftc.然而，幸运女神并未垂青谷歌。欧盟反垄断官员对谷歌处以创纪录的 27 亿美元罚款，这是同类罚款中金额最大的一笔，原因是谷歌"不公平地偏袒"自己的一些服务，而不是竞争对手的服务。参见 Mark Scott, "Google Fined Record $2.7 Billion in E.U. Antitrust Ruling", New York Times, June 17, 2017, at www. nytimes. com/2017/06/27/technology/eu-google-fine.html. See also Aoife White, "Google Fine Is Small Change Compared with EU's Bigger Threat", Bloomberg, June 27, 2017, at www. bloomberg.com/news/articles/2017-06-27/google-gets-record-2-7-billion-eu-fine-for-skewing-searches("虽然罚款几乎不会减少其 900 亿美元的现金储备，但谷歌面临着广告收入减少，以及针对从地图到餐馆评论等其他服务的监管，以及更大处罚力度等威胁")。

9. 弗雷德里克·绍尔(Frederick Schauer)教授在一篇颇有见地的文章中，同样强调了《第一修正案》范围与保护之间的重要概念性差异。参见 Frederick Schauer, "The Boundaries of the First Amendment: A Preliminary Exploration of Consti-tutional Salience", Harvard Law Review 117: 1765, 1771(2004)["这篇文章

75

首先关注的是《第一修正案》所没有包含的逻辑上优先的和长期被忽视的言论问题……有关《第一修正案》边界的问题不是强度问题(《第一修正案》提供的保护程度),而是范围问题(《第一修正案》是否适用)"]。

此外,绍尔教授以一种明确的初步方式探索了属于或不属于《第一修正案》范围内的言论类别的重要的非法律原因。同上,第 1787—1800 页("对《第一修正案》实际边界的最合乎逻辑的解释,可能不是来自'言论自由学说和理论',而是更多地来自《第一修正案》存在和发展的政治、社会、文化、历史、心理和经济环境")。在许多方面,我们的项目与绍尔教授的论文产生了共鸣。我们也更关心《第一修正案》对机器人表达的包含,而不是对特定类型的机器人语言的保护。但我们也相信,《第一修正案》对机器人表达的包含更多的是基于社会经济和文化动态,而不是仅仅基于传统言论自由法律和理论的原则。也就是说,我们与绍尔的观点有一个重要的区别是,他的观点是以言论为中心的,因为他的目标是解释为什么基于内容的法规在某些表达类别(如证券法、反垄断法、劳动法、性骚扰法、知识产权法等)不受《第一修正案》的限制。然而,我们的观点是居中的,因为我们努力解释为什么由机器人技术产生的表达应该在《第一修正案》的边界之内。

10. See Tim Wu, "Machine Speech," University of Pennsylvania Law Review 161：1495(2013)；Tim Wu, "Free Speech for Computers?," New York Times, June 19, 2012, p.A29(如果我们将电脑决定视为"言论",司法部门必须将反垄断法和消费者保护法视为潜在的审查制度,使《第一修正案》成为谷歌、YouTube、雅虎、Facebook、微软和苹果等公司强大的反监管工具)；Oren Bracha and Frank Pasquale, "Federal Search Commission：Access, Fairness, and Accountability in the Law of Speech", Cornell Law Review 93：1149(2008)。

11. Wu, "Free Speech for Computers?", p.A29.

12. Bracha and Pasquale, "Federal Search Commission", p.1195.

13. Bracha and Pasquale, "Federal Search Commission", pp.1148—1149.

14. Wu, "Machine Speech", pp.1496—1497.

15. Eugene Volokh and Donald M.Falk, "First Amendment Protection for Search Engine Results", UCLA School of Law Research Paper No. 12—22, April 20, 2012, p.3(Google-commissioned white paper).

16. Stuart Minor Benjamin, "Algorithms and Speech", University of Pennsylvania Law Review 161：1445, 1479(2013).

17. Josh Blackman, "What Happens If Data Is Speech?", Journal of Constitutional Law 16：25, 34(2014). See also Timothy B.Lee, "Do You Lose Free Speech Rights If You Speak Using a Computer?", Ars Technica/Law & Disorder, June 22, 2012, at arstechnica.com/tech-policy/2012/06/do-you-lose-free-speech-rights-if-you-speak-using-a-computer/("问题不在于谷歌的电脑是否拥有《第一修正案》

赋予的权利。显然，它们并不拥有。而是说，拥有并运营谷歌电脑的人——工程师、高管和股东——他们拥有宪法《第一修正案》赋予的权利。无论谷歌如何使用软件生成内容，对谷歌网站的内容进行监管都会引发《第一修正案》的问题……所以，电脑没有宪法《第一修正案》赋予的权利。印刷出版社也是如此。但是人们有言论自由的权利，即使我们使用电脑来帮助我们说话，这些权利仍然适用"）。

18. Volokh and Falk, "First Amendment Protection for Search Engine Results", pp.4—5.

19. Benjamin, "Algorithms and Speech", p. 1475. For a commonsensical statement of this proposition, see Lee, "Do You Lose Free Speech Rights?"（"论证政府可以自由监管《纽约时报》电脑生成的部分——比 Nate Silver 的大选预测或'电子邮件最多的名单'是没有意义的，因为它们是由软件生成的……监管网站的这些部分与监管传统新闻报道的内容或位置完全一样，也会引发宪法《第一修正案》的问题"）。

20. Benjamin, "Algorithms and Speech", p.1461(citation omitted), 1471.

21. Volokh and Falk, "First Amendment Protection for Search Engine Results", p.17(citations omitted).

22. 参见，如 Stanley E.Fish, "Literature in the Reader：Affective Stylistics", in Jane P.Tompkins, editor, Reader-Response Criticism：From Formalism to Post-Structuralism(Baltimore, MD：John Hopkins University Press, 1980), pp.70—100(这种读者反应批评理论的早期表达，认为文本的经验是其本身意义，而不是其句子或词的所表现的客观性)；Stanley E.Fish, "Interpreting the Variorum", in Tompkins, Reader-Response Criticism, pp.164—184(读者反应理论的成熟与解释共同体概念的发展)；Norman Holland, The Dynamics of Literary Response(New York：W.W.Norton & Co., 1975)(心理分析心理学在文学作品建模中的应用)；Norman Holland, The Nature of Literary Response：Five Readers Reading (Piscataway, NJ：Transaction Publishers, 2011)(读者根据自己的生活方式、性格、个性或身份对文学作出反应)；Wolfgang Iser, "The Reading Process：A Pheno-menological Approach", in Tompkins, Reader-Response Criticism, pp.50—69(只要读者填补了文本留下的"空白"，他们就会揭示出文本的不确定性和取之不尽性)；Hans Robert Jauss, Toward an Aesthetic of Reception, trans. Timothy Bahti(Minneapolis：University of Minnesota Press, 1982)(接受美学的主要倡导者的基础著作发展出了各种类型，将传统文学史纳入审美经验史，包括文学比较分析中的示范性阅读)。

23. 参见 generally Jane P.Tompkins, "An Introduction to Reader-Response Criticism", in Tompkins, Reader-Response Criticism, pp.ix—xxvi(提供了读者反应批评学派的综合分析，并对该学派内部的竞争理论进行了有益的比较)。最

近，读者反应批评已经演变(或被吸收)为"接受研究"(或与更一般的文化研究相关的"接受理论")。An important collection of works for reception study is James L.Machor and Philip Goldstein, editors, Reception Study：From Literary Theory to Cultural Studies(New York：Routledge, 2001).

24. Tompkins, "An Introduction to Reader-Response Criticism", p.xvii(quoting Stanley Fish).

25. 原始的波浪诗("wave poem")假说是由原加州大学洛杉矶分校的英语教授史蒂文·克纳普(Steven Knapp)和沃尔特·班恩·迈克尔斯(Walter Benn Michaels)创造的，旨在说明"无意图写作"和"无意图意义"是完全违反直觉的。他们的案例研究假设：一个海滩漫步者遇到了"沙滩上奇怪的一串弯弯曲曲的文字"，这段文字拼出了威廉·华兹华斯(William Wordsworth)的诗《沉睡封住了我的灵魂》(a sleep Did My Spirit Seal)的第一节。如果海浪冲上来，留下了第二节，也就是全诗最后一节，则观察者要么"将这些标记归因于一些有意图的代理人"(如活动的大海、难以忘怀的华兹华斯等)，也可能"将它们视为机械过程的非故意影响"(如侵蚀、浸透等)。然而，在第二种情况下，观察者的结论将是，这些偶然的标记不是单词，而是"看起来仅仅像单词"。重点当然是，作者的意向性对于解读意义至关重要：剥夺作者的"文字"就是把它们变成语言的偶然相似性。作者的文字毕竟不是没有意图与意义的例子；一旦它们变得没有目的，它们也会变得毫无意义。Steven Knapp and Walter Benn Michaels, "Against Theory", in W.J.T.Mitchell, editor, Against Theory：Literary Studies and the New Pragmatism(Chicago：University of Chicago Press, 1985), pp.11, 15—17.

对我们来说，当合著者继续问"电脑会说话吗？"的时候，波浪诗假说与克纳普和迈克尔斯的分析的相关性就越发明显。关于这个问题的争论完全重现了我们示例中的术语。由于计算机是机器，它们是否会说话的问题似乎取决于有没有可能出现无意图的语言。但我们的例子表明，没有无意图的语言；唯一的问题是计算机是否有能力实现意图。我们的论文的其余部分挑战了克纳普和迈克尔斯的论点，至少在我们将《第一修正案》的范围扩展到无意识的机器人表达上，这种表达被接收者赋予了含义和意义。

26. 这个问题的答案在哲学实用主义者理查德·罗蒂(Richard Rorty)看来是相当清楚的，他尖锐地批评了克纳普和迈克尔斯对他们假设的"波浪诗"的分析。罗蒂教授反对了他们关于作者意图对文本意义至关重要的观点，他回答说："克纳普和迈克尔斯认为意义与意图是一致的，这表明我们在文本中放入我们认为有用的任何上下文，然后就可以把结果称为对作者意图的发现。但是为什么特别强调它呢？为什么不把它插入某处上下文中，描述一下这样做的优势，然后忽略读者是否理解了它的'意思'或'作者的意图'？"Richard Rorty, "Philosophy without Principles", in W.J.T.Mitchell, editor, Literary Studies and the

New Pragmatism(Chicago：University of Chicago Press，1985)，p.132，134.显而易见，我们相信罗蒂在与克纳普和迈克尔斯的辩论中更胜一筹——至少在我们的无意图言论自由理论中，作者人格或意图的问题在宪法保护机器人的表达方面基本上是无关紧要的。

27. See Leslie Kendrick，"Free Speech and Guilty Minds"，Columbia Law Review 144：1255(2014).在 Kendrick 看来，她的目标不是机械的言论，而主要是那些《第一修正案》理论家的观点，他们认为，严格说来，意图(或说话者的精神状态)与《第一修正案》的范围无关。See，e.g. Larry Alexan-der，Is There a Right of Freedom of Expression?(New York：Cambridge University Press，2005)；Frederick Schauer，Free Speech：A Philosophical Enquiry(New York：Cambridge University Press，1982)；Martin H.Redish，"Advocacy of Unlawful Conduct and the First Amendment，"California Law Review 70：1159(1982).

28. Kendrick，"Free Speech and Guilty Minds"，pp.1256—1260.

29. 同上。

30. 同上。

31. Compare Jane Bambauer，"Is Data Speech?"，Stanford Law Review 66：57 (2014) and James Grimmelmann，"Speech Engines"，Minnesota Law Review 98：868(2014).值得注意的是，其他三位《第一修正案》理论家也曾撰文解释，基本的言论自由理论和学说，对于"强大的人工智能说话者"的报道，并不存在严重的概念障碍。"强大的人工智能说话者"被定义为"尚未假设的机器，能够独立于人类的方向思考并产生表达内容"。Toni M.Massaro，Helen Norton，and Margot E.Kaminski，"Siriously 2.0：What Artificial Intelligence Reveals About the First Amendment"，Arizona Legal Studies Discussion Paper No. 17—01，January 2017(forthcoming in Minnesota Law Review). Unlike Bambauer and Grimmelmann, who strongly advocate for First Amendment coverage of robotic expression, Massaro, Norton, and Kaminski reveal deep concerns over their discovery of "surprisingly few barriers to First Amendment coverage of strong AI speech" and the "unfamiliar and uncomfortable, or even dangerous, places" to which such coverage might carry us.同上，第6—7，45 页。

32. Bambauer，"Is Data Speech?"，pp.63，90—91.

33. Grimmelmann，"Speech Engines"，pp.874—875，923，931—932.

34. Bambauer，"Is Data Speech?"，p.61.

35. Grimmelmann，"Speech Engines"，p.924.

36. 在一个相关的方面，最高法院在 Sorrell v. IMS Health Inc.，131 S.Ct. 2653 (2011)，认为佛蒙特州制定的法律中通过阻碍数据挖掘的方式阻止了侵犯隐私，因此限制了销售、转让、披露和使用电脑药房记录揭示个别医生的处方行为，违反了宪法《第一修正案》。131 S.Ct. at 2659.

37. 就这一点而言，考虑一下关于机器人创作绘画、音乐和故事的讨论，supra pp.29—30。

38. Bambauer, "Is Data Speech?", p.86.

39. 参见 infra p.42. For an ironic treatment of the unviability of a First Amendment right to know, see Ronald K.L.Collins and David M.Skover, The Death of Discourse (Durham, NC: Carolina Academic Press, 2nd edn., 2005), pp.111—112["在高度商业化(和先进的资本主义)文化中，没有人有权知道……公众的知情权从来没有像现在这样成为一个空洞的口号"]。

40. 我们特意使用"无意图的"一词，因为它传达的意思不同于"无意的"。

41. 319 U.S. 141(1943)(一项禁止挨家挨户敲门或按门铃分发文学作品的城市法令违反了《第一修正案》和《第十四修正案》)。

42. 参见，如，Board of Education, Island Trees Union Free School District No. 26 v. Pico, 457 U.S. 853(1982)(《第一修正案》对地方学校董事会行使从高中和初中图书馆移走图书的自由裁量权施加了限制) and U.S. v.American Library Association(2003)(由于公共图书馆使用互联网过滤软件并不侵犯其读者的《第一修正案》权利，《儿童互联网保护法》并没有诱使图书馆违反宪法，而是有效地行使了国会的消费权)。

43. 尽管最高法院的淫秽案件主要集中在不受保护的言论类别的定义上，但法官们几乎对保护非淫秽色情作品的理由，或政府利益的性质和重要性保持沉默，而政府利益是压制淫秽言论的正当理由。也许这是因为法院在 Roth v. United States, 354 U.S. 476, 485(1957)中接受了一个前提，即"《第一修正案》的历史中隐含的是，在完全没有挽回社会重要性的情况下，拒绝淫秽"。在这种前提下，对色情经历的意义和价值或国家利益的性质和实质的司法考量就变得有些无关紧要了。然而，一个值得注意的例外是 Stanley v. Georgia, 394 U.S. 557(1969)，该案中法院认为仅仅拥有淫秽材料在宪法上不能被定为犯罪。

在对最高法院的意见中，瑟古德·马歇尔(Thurgood Marshall)法官的推理与读者反应和接受理论对接收者经历的评价产生了共鸣，尽管不是有意识或明确的共鸣。瑟古德·马歇尔写到，"接收信息和思想的权利，不论其社会价值如何……是我们自由社会的基础"。"同样重要的是，除了在非常有限的情况下，人们有权免受政府不必要的侵犯个人隐私。"从这个意义上说，"仅仅把这些电影归类为'淫秽'还不足以成为如此严重侵犯个人自由的理由"，如果《第一修正案》有什么意义的话，那就是一个州无权告诉某个人，独自坐在自己家里，他可以读什么书，可以看什么电影。我们所有的宪法遗产都反对赋予政府控制人们思想的权力。同上，第564—565页。

44. 413 U.S. 15(1973).

45. 413 U.S. at 24.

46. 425 U.S. 748(1976)(根据《第一修正案》和《第十四修正案》，禁止传播处方药信息的州法令无效)。早前在 Bigelow v. Virginia, 421 US 809(1975)，法院推翻了弗吉尼亚州的一项法律，该法律规定"任何人(通过出版、演讲、广告、销售或发行任何出版物，或以任何其他方式)'鼓励'或'提示'来促成堕胎或流产"都属于轻罪。Bigelow 法院在其裁决时指出，有关堕胎诊所的广告含有"公共利益"的重要信息。421 U.S. at 821, 822, 826.

47. 425 U.S. at 765.

48. 113 S.Ct. 1505, 1517(1993)(Blackmun, J., concurring).

49. 113 S.Ct. at 1520—1521.

50. 517 U.S. 484(1996).

51. 517 U.S. at 503.同样参见 Ronald Collins and David Skover, The Death of Discourse(Boulder, CO：Westview Press, 1996), p.101(citations omitted)："事实上，在政府监管失效的主要商业言论案例中，几乎所有案例都'涉及对纯粹或主要信息言论的限制，比如禁止价格广告'。相比之下，在不涉及'以信息为主的广告'的情况下，政府法规得以维持。"

52. 131 S.Ct. 2729(2011)(使得禁止向未成年人出售或出租"暴力视频游戏"的加利福尼亚法律无效)。

53. 131 S.Ct. at 2733.

54. 131 S. Ct. at 2733, quoting Chief Judge Richard Posner in American Amusement Machine Assn. v. Kendrick, 244 F.3d 572, 577(C.A.7 2001)(取消对暴力电子游戏的类似限制)。

55. See, e.g., Florida Star v. B.J.F., 491 U.S. 524(1989) (crime victims)；Oklahoma Publishing Co. v. District Court, 430 U.S. 308(1977) (juvenile offenders)；U.D. Registry, Inc. v. State, 40 Cal. Rptr. 2d 228, 230(Ct.App. 1995) (evicted tenants).

56. 131 S.Ct. 2653(2011).我们在之前的注释 36 中引用了 Sorrell 的另一个目的。

57. 131 S.Ct. at 2659.

第三部分：新的效用准则

　　实用性优先原则。也就是说，一件事物的发现和我们对它的处理通常先于我们赋予它的任何高价值。除了奇迹之外，大多数(如果不是全部)价值都是如此，除了一个——效用的价值。因为效用的价值是提示查询、邀请发现，然后扩展到新的领域。正是这种价值首先规范了我们的生活，然后又重新规范了我们的准则。在机器人时代，正是这种价值才是真正的"新"价值。

　　语言的发明使人们可以互相交流，然后促使他们向上帝祈祷——前者使后者成为可能。在邀请人类实现自我认知的苏格拉底辩证法出现之前，有一种关于物物交换的论述，对于任何一个劳动社会的形成都是如此重要——即商业语言以哲学无法做到的方式丰富了社会。在追求真理成为言论自由原则的标志之前，我们日常生活中的言论出于保护言论自由的原因转向了别处——出于这个目的，必要性和实用性就足够了。诚然，印刷术的发明引发了许多宗教和政治革命，但它也渴望为自己的商品做广告、张贴船舶到达和离开的时间表、为阅读地图和手册的普通民众开启新的一天——实用主义先于乌托邦主义。我们可以在这里说得更多，但重点很简单：我们认为有价值的言论是我们用来让生活变得可能和快乐的言论。这种言论并不依赖于某种启蒙原则。如果说言论自由理论家忽略了这一点，那是因为他们从高处看问题，并在这个过程中以理想主义的名义贬低现实主义。

今天谈论《第一修正案》(至少在法律学界)是在参与规范价值的内部讨论。选择一个，创建一个标准的模板，然后把整个言论的世界塞进这个模板里——这个过程就是这样进行的。价值可以是任何东西，可以是从提高真理和促进自治到实现自我和自治。在某种程度上，这些理论通过保护某些言论而损害另一些言论来限制言论自由。例如，亚历山大·梅克勒约翰(Alexander Meiklejohn)的《第一修正案》哲学[1]成为支持自我监管服务的政治言论的理由。按照这种标准衡量，商业言论和性表达无关紧要；它们在他的宪法秩序中没有崇高的地位。因此，只要在审查组合中增加一点正当程序保护，政府就可以宣布它们为非法。麦克利·约翰逊(Meikle Johnian)的例子说明了一个重要的观点：言论自由理论是驱动审查制度的引擎。规范性设定了自由开始和结束的言论自由参数，如果你恰好没有超过这种参数就很好。当然，即使是规范主义者有时也必须改变自己的准则，即使只是为了屈服于其他利益的要求。正是在这种情况下，梅克勒约翰博士扩展了他的《第一修正案》法理，将艺术和科学表达纳入其中，这些表达与他所珍视的政治自治规范之间的联系最为薄弱。[2]如果审查成本太高，即使是最高尚的价值也会屈服。

这句格言尤其适用于机器人交流。例如，有人认为人格是宪法《第一修正案》的核心内容，从而支持了人的尊严和言论自主权等言论自由价值。托尼·马萨罗(Tony Massaro)、海伦·诺顿和马戈特·卡明斯基(Margot Kminski)教授揭示了这种构造的可塑性，以及如何重新配置它们以适应人工智能世界。他们认为，"言论自由理论已经逐步脱离了仅仅通过个人或有生命的视角来看待说话人的法律人格结构，现在用一种实际的、非本体论的意义来定义说话人"。[3]此外，他们强调，"考虑强大的人工智能言论权利，说明了人的尊严和言论自主在某种程度上已经在《第一修正案》的方程式中被淡化或抹去"。[4]除此之外，该作者还揭示

49

了其他各种理论——例如民主自治、启蒙运动、知识和思想的分布——可能也会被描绘成类似的样子，从而为机器人表达提供概念性范围。[5]尽管"这种扩展缺乏限制性原则"，但所有这些都被承认。[6]

这个例子表明，机器人表达的进步是如此之大，它们的潜力是如此之大，就像梅克勒约翰的例子一样，以至于言论自由理论将被改写，使得交流进程继续。因此，我们这个时代的规范性言论自由理论要么挑战新兴技术的价值(一场他们肯定会输的战争)，要么将自己延伸到极限，这样他们的概念就可以主张持续的合法性，但只是名义上的。

然而，还有一种选择。

正如前面所讨论的，不断变化的通信技术往往会淘汰旧的规范，产生新的规范。当这种情况发生时，旧方式的守卫者就成了新审查制度的捍卫者。这可能是苏格拉底谴责涂鸦，教皇英诺森特八世(Pope Innocent VIII)谴责印刷行业的原因，[7]1915 年，美国最高法院作出一项裁决，中止对电影的宪法保护，[8]亚历山大·梅克勒约翰谴责商业广播，[9]甚至进步的言论自由学者也否认宪法《第一修正案》对机器人交流的包含。这是一个古老的现象，与它的现代相对应。

当然，我们不是虚无主义者；我们不是在呼吁建立一个无规范的政权。毕竟，规范在任何秩序良好的公民社会中都有其地位。我们理解这一点。在这方面，我们对学者和法学家经常鼓吹的提高言论自由的规范持保留态度，因为他们通常忽略规范的效用性。他们用高规范的幻想来换取实用规范的现实。想想那些使我们的工作生活更轻松、家庭生活更丰富的各种各样的交流。尽管他们可能没有受到某些崇高原则的滋养，但他们理应享有国家不应剥夺的宪法自由。让我们以一种简明扼要的方式来澄清，一种根植于效用规范的言论自由法学是什么，而不是什么。一方面，它是法学，是有用、有益、实用和被广泛接受的法学。另一方面，它不是法学，是从脱离现实的理想主义价值中获得的核心概念线索，这项价值比可实现的更具抱负。我们的法理学是从基层开始的，不是从天而降。从这个意义上说，它比理论更实际，比原型更有用。在某种程度上，这种操作法学已经在其他大多数言论自由理论的计算中发挥了作用。但这就是问题所在：这仅仅是一部分。我们的目标是确保它在我们如何看待《第一修正案》方面发挥更核心的作用，尤其是在当前的机器人时代。

我们的标准是一种新的效用准则，因为它不应被误认为仅仅是指约翰·斯图尔特·密尔(John Stuart Mill)提出的旧标准。在他著名的关于自由的文章中，密尔把他的人类自由概念明确地与功利主义哲学联系在一起。他说："我放弃任何可以从抽象权利的论点中得到的利益是恰当的，因为抽象权利是一种独立于效用的事物。""我认为效用是所有伦理问题的终极诉求；但它必须是最大意义上的效用，以人类作为进步者的永久利益为基础。"[10]诚然，新的和旧的效用概念之间存在着联系，在某种程度上，随着大众文化接受机器人的功能，宪法《第一修正案》对机器人表达的保护就会加强。

为了清楚起见，让我们再次强调：效用是一种与某些其他规范共存的规范，尽管在一定程度上是这样。当功能与抱负一致时，当现实主义与理想主义一致时，就会出现这种情况。一般来说，这种趋同在《第一修正案》法理学中并非闻所未闻。思考一下《纽约时报》诉沙利文(New York Times, Inc. v. Sullivan)一案。[11]在那个具有里程碑意义的判决中，平等原则以令自由主义者满意的方式与自由原则相结合。尽管宪法性结合在最近几年经历了紧张的关系，但它仍然证明了表面上不同的规范是如何共存甚至相互支持的。从这一点出发，我们注意到效用与规范有时可以共存，偶尔也支持任何种类的规范。

我们的效用法学倾向于卡尔·卢埃林(Karl Llewellyn)的慷慨的现实主义，远离亚历山大·梅克勒约翰的限制性理想主义。从这个意义上讲，它更符合现代美国资本主义的运作方式以及对新通信技术的接受。像著名的法律现实主义者卢埃林一样，我们认为规范形式主义的法学是高度可疑的，因为它既抽象又脱离了日常生活中的世界运作。这种现实主义的法理学不是现成的，而是根据经验推断出来的。与其仰望规范的

51

天堂，不如俯视生活和技术发展的街道。它更注重实践经验，更少规范教条。从更广泛的意义上讲，这种法理学欣赏苏格拉底之前的古老格言："唯有变革才能持久。"[12] 从这个意义上说，我们的言论自由法学并非一成不变；它明白，新世界的技术进步很可能会改变旧世界的规范(就像它们有时可能会加强这些规范一样)。不出所料，会有一些阻力。然而，这种抵制必须面对这样一个事实：如果一项新技术使生活变得更有效率、更令人向往、更能适应时代的要求，那么当然，传统规范将普遍受到影响。因此，对于每一项新技术，可能都有一块墓碑上刻着一些旧规范的名字。

例如淫秽。尽管布伦南是自由派，但我们很有必要记住，大法官威廉·布伦南(William Brennan)在罗斯诉美国案(Roth v. United States)中写给法院的那句话："我们认为，淫秽不属于受宪法保护的言论或媒体的范围。"[13] 16 年后，保守党首席大法官沃伦·伯格(Warren Burger)回应了米勒诉加利福尼亚州的《第一修正案》格言："我们……重申罗斯的观点即淫秽物品不受《第一修正案》的保护。"[14] 这仍然是今天的既定法律，也就是说，从形式上讲，"已确定"。从功能上讲，这条格言在雷诺诉美国公民自由联盟案(Reno v. ACLU)[15] 中发生动摇，在该案中法院驳回了通信规范法的某些条款。但是为什么呢？ 法院对平庸性表达的规范价值的观点是否发生了一些变化？ 尽管我们稍后会说得更多，但让我们来谈谈这个问题：技术创新打乱了规范的应用程序。只要想想大法官约翰·保罗·史蒂文斯(John Paul Stevens)在该案中为最高法院写的东西就知道了：

> 互联网经历了"非同寻常的增长"，存储信息和中继通信的"主机"计算机数量从 1981 年的约 300 台增加到 1996 年审判时的约 940 万台。大约 60% 的主机位于美国。在审判时，大约有 4000 万人使用互联网，预计到 1999 年将增长到 2 亿人。[16]

史蒂文斯法官接着说：   52

这一记录表明,互联网的发展已经并将继续是惊人的。根据宪法传统,在没有相反证据的情况下,我们假定政府对言论内容的监管相较于鼓励思想的自由交流,反而会干扰思想的自由交流。在民主社会中鼓励言论自由的利益大于任何理论上但未经证实的审查利益。[17]

后来,在阿什克罗夫特诉美国公民自由联盟案(Ashcrott v. ACLU)中,[18]法院驳回了《儿童在线保护法》的一项条款。在这里,通信技术再次破坏了旧的道德规范,并以某种方式预示了该规范的功能消亡,正如克拉伦斯·托马斯(Clarence Thomas)大法官在阿什克罗夫特一案中指出的那样:"网络……包含大量露骨的色情内容,包括色情作品。"[19]后来,当法院回到《儿童在线保护法》的主题并保护未成年人时,这一次是通过过滤程序,法官们由于新通信技术的要求,再次抛弃了旧的价值观。[20]

很明显,这里可以增加更多。但我们的观点是,随着互联网的出现,罗斯和米勒所表达的价值观的提升受到了一种难以控制的技术的危害,即使仅仅因为它的广泛使用。正是这项技术,作为一个法律问题,首先粉碎了罗斯和米勒的规范性理论,然后作为一个惯例,几乎颠覆了这一理论。诚然,罗斯和米勒的规范准则仍在书中;这些准则是每一个法律专业的学生、律师和法官都必须知道的。但是,这些在1957年和1973年如此显而易见的准则,在通信技术的进化中随着它们的发展而减弱了。正如通信技术在古代危及哲学一样,另一种技术也在现代危及道德。

该书的第一部分花了一些篇幅来展示我们当前的文化是如何充斥着最下流的性表达形式。在人类历史上,从来没有如此多的眼球聚焦在如此多的生殖器上;这种形象化的色情通常以一天二十四小时,各式各样以及无法想象的风格进行编排。所有这些都规避了宗教道德和法律制裁的限制(除了那些与儿童色情有关的)。电脑、互联网、平板电脑、智能手机等使美国价值观的这场革命成为可能。换句话说,美国的道德维多利亚主义让位于其传播的文化主义。

这让我们想到一个相关的思考,一个我们在二十多年前在《话语之死》(The Death of Discourse)一书中首次提出的。在现代美国——一个拥有先进资本主义、技术依赖和追求快乐的美国——有两种第一修正案文化,一种体现在法律书籍(案例和法规)中,另一种体现在社会实践中。传统的观点(法律现实主义者对此提出了异议)是,前者的准则总是胜过后者的文化。但这只是在一个非常模糊的意义上;只有当一个人忽视了显而易见的东西,也就是我们生活的现实时,才会如此。我们以前说过,现在再说一遍。我们存在法院和法典的《第一修正案》,也存在有关《第一修正案》的文化,这种文化是一种与不断变化的通信技术(包括机器人表达)的功能优势和衍生乐趣非常同步的文化。

在这种技术文化背景下,我们效用主义驱动的言论自由法学的另一种观点出现了。与其他言论自由理论不同的是,效用规范通常以更具《第一修正案》意义的形式来加速发展;类似地,它通常以相应程度的形式或功能性的保护来实现。这与哈里·克罗尔(Harry Clor)[21]和沃尔特·伯恩斯(Walter Berns)[22]等保守派以及凯瑟琳·麦金农(Catharine MacKinnon)[23]和安德里亚·德沃金(Andrea Dworkin)[24]等女权主义者提出的言论自由理论逐渐衰落形成了鲜明对比。尽管这两个群体在意识形态上没有什么共同点,但他们有一个共同点:他们致力于取缔淫秽行为,尽管原因完全不同。也就是说,他们都有一个共同的信念,在自由派大法官布伦南(Brennan)和保守派首席大法官伯格(Burger)的支持下,淫秽不应受到《第一修正案》的保护。即使是像弗雷德里克·绍尔(Frederick Schauer)[25]这样思想较为拘谨的学者的言论自由法学也站在了这一立场上。其他人,如卡斯·桑斯坦(Cass Sunstein),在概念上更为傲慢:"我认为(性方面的)露骨作品是民主思考的一部分。"[26]罗伯特·马普莱索普(Robert Mapplethorpe)的露骨摄影(例如,一个人小便到另一个人嘴里的照片)等作品受到了辩护，理由是它具有"自觉的民主含义"。[27] 在这里，你可以看到：自由言论理论被用来审查言论，或者自由言论理论被侵犯，以适应文化中相互冲突的规范。与此形成鲜明对比的是，我们基于效用的言论自由法理学既没有义务证明审查是正当的，也没有义务强迫其进行合法的假设。这是因为，如果没有经验之谈证明存在显著的伤害，它往往会加速争取更多的宪法保护。它这样做并没有包括所谓的绝对主义《第一修正案》的法理学问题，比如大法官雨果·布莱克(Hugo Black)和威廉·道格拉斯(William Douglas)所提的问题。

接下来，我们继续讨论每个读者可能想到的事情。

那么，什么是可以给予机器人表达的言论自由保护呢？ 我们选择在一般和广义上解决这个问题，至少有两个原因。首先，我们这本书主要讨论《第一修正案》对机器人表达的包含问题，因为这个问题——在逻辑上先于任何对言论自由保护程度的决定——仍然在法律界激烈地辩论，而且司法机构还没有最终决定。其次，在一阶机器人发展的早期阶段，更不用说二阶机器人的进化了，考虑机器人表达的功能和实用性与其已被证实的或潜在的危害相比，更为初级阶段。

从这个意义上说，甚至在我们开始调查《第一修正案》对机器人言论的保护程度时，也有必要比我们在第一部分中更多地谈到这种表达的性质和它所经历的技术和文化环境。在强调了这些属性和特征之后，我们可以更有意义地评估机器人言论的相对收益和成本。

首先，机器人的表达加强了交流过程。它不仅在其电子速度方面，同时在全球范围的距离方面征服了时间，而且扩大了潜在的受众规模。在一个协作的交流环境中运行，它依赖于大量的技术设备(如计算机、平板电脑、智能手机、智能手表等)、社交网络(如 Facebook、 Twitter、LinkedIn 等)和应用程序(如 Snapchat、 Wickr 和其他即时通信工具等)，并与这些设备进行交流，这些设备覆盖了大量不同的人群。随着媒体技术的融合(例如，智能手机将电话、短信、拍照、视听记录以及从电影和电视到视频剪辑的所有内容的观看功能结合在一起)和通信媒体与其他技

54

术(如智能手机与汽车的集成等)的日益融合,机器人表达的时代正在迅速崛起。

此外,今天的通信技术给大众传媒的概念赋予了新的意义。毫无疑问,传统的广播和电视是大众的,因为它们极大地扩大了读者范围,超出了印刷读者的范围。但是这些技术只以"一对多"的方式运行(即电台和电视台充当了向观众传递内容的中间人),重要的是,它们只是公共大众媒体。即使家庭成员在家中私底下收听广播节目或观看电视节目,媒体也是大众和公众的。实际上,没有大规模的私人通信。但随着计算机、互联网、电子邮件、社交媒体和即时通信应用程序的出现,这种交流模式永远改变了。虽然所有人都使用大众媒体(例如,通过 WiFi 上网),但这些媒体现在可以直接用于私人大众传播(例如,一名高中生向 150 名个人联系人发送 Snapchat 照片)。那么,只要考虑一下,当机器人给这些通信技术支持时,它们将如何运作。

还有一个重要的观察:因为我们关注的是《第一修正案》中的机器人表达自由,所以很好地考虑到政府如何以与行使这些自由相反的方式使用机器人。想想一阶和二阶机器人在抑制或显著抑制言论方面的应用。如果这种情况真的发生了,而且似乎确实很有可能发生,那么公民将需要利用一种有效的机器人进行反击。

55　　也就是说,我们已经为《第一修正案》包括机器人表达奠定了基础,现在我们可以转向对该表达的一些成本和收益进行简要和初步的概述。

　　　《第一修正案》一直与伤害有着微妙的关系。

　　　　　　　　　　　　　　　　　　　　——弗雷德里克·绍尔[28]

任何新的大众传播媒介或通信技术都将带来某些好处(例如其效用)和某些代价(例如其危害)。在这一范围内,有时机器人表达的社会利益是如此之大,以至于应该得到宪法的彻底保护,有时机器人的表达会破坏现有法律的规则(无论是宪法的还是法定的)，从而使其在功能上削弱(例如，淫秽)。相反，有时某些机器人表达的社会成本会非常高，以至于超过其价值，从而使其服从于合法的政府控制。然而，这一切是如何在现有的《第一修正案》所规定的可认定和强制损害的范围内进行的，则是另一回事。

在考虑损害时，最高法院从未制定过一种正式的、系统的方法来识别和分类《第一修正案》中的伤害。[29]一方面，法官们宣布，从基本上无罪的行为[例如，艾布拉姆斯诉美国案(Abrams v. United States)[30]]到更令人怀疑的无罪行为[例如，霍尔德诉人道主义法项目案(Holder v. Humanitarian Law Project)[31]]都是绝对有害的、不受保护的言论活动。另一方面，他们也不愿意去发现不良的伤害，无论是在对医疗记录(例如索雷尔诉 IMS 健康公司案[32])的商业利用中，还是存在于竞选捐款[麦卡琴诉 FEC 案(McCutcheon v. FEC)[33]]中的腐败。在其他案件中，最高法院要么承认了一种伤害，但允许《第一修正案》的主张胜过它，[34]要么在诸如种族仇恨表达等情况下淡化了潜在的伤害。[35]尽管有一些例外情况，[36]但主流趋势是，在与《第一修正案》的主张进行权衡时，忽略了任何所谓损害的存在或影响。因此，在 2010 年至 2011 年的有关《第一修正案》的一系列案件中，罗伯茨法院明确表示，它基本上已经放弃了平衡言论的利益与危害，转而采取一种明确的方式保护言论，除非它属于历史上公认的《第一修正案》的例外。[37]同样的效果，"截至 2016 年，最高法院的大多数法官还没有在任何案例中发现，政府的利益足以履行一项法律，该法律的分析是基于其基本内容的"。[38]

从本质上讲，法官们和"那些赞成宪法《第一修正案》的人坚持认为它与我们宪法的其他部分在本质上是不同的，他们的例外主义使得通常的裁决程序和对有序自由的分析不适用于言论自由"。[39]确实。因此，在我们的宪法史上，《第一修正案》的环境似乎相当有利于机器人表达……也就是说，所有的东西都是平等的。

56

91

有说服力的数据应该支持损害的主张。

——丽贝卡·布朗[40]

就《第一修正案》总体的一方面而言，以下因素(法律、技术和文化)可能被证明有利于宪法对机器人言论的保护：

机器人表达不断增长的效用，它与其他交流形式的集合，它与其他技术的合并，以及它促进自己的功能规范与现存的法律相一致或相反的潜力；以及《第一修正案》关于损害的现状。

这两个考虑因素以有趣而重要的方式相互关联。让我们先描述一下这些，然后再讨论《第一修正案》总体的另一方面。

这是一条不言自明的真理：一种表达形式的社会效用价值越大，它摆脱监管或至少摆脱许多令人窒息的监管形式的可能性就越大。只以手机为例，哈佛大学肯尼迪学院埃里希·米勒格(Erich Muehlegger)和丹尼尔·绍格(Daniel Shoag)教授在2014年的一项研究[41]中，对手机使用和机动车致死事故情况进行了以下观察：

智能手机、手机和其他移动设备已经极大地改变了社会的许多方面。2012年3月，皮尤互联网与美国生活项目(Pew Internet and American Life Project)对美国成年人进行了调查，发现88%以上的受访美国成年人拥有手机，超过一半的人拥有智能手机。与2011年相比，智能手机在所有主要人口群体中的使用率都有所上升。其他移动设备的拥有量也大幅增加。57%的受访者拥有笔记本电脑，19%的受访者拥有平板电脑。与此特别相关的一个政策性问题是，移动设备的使用如何影响驾驶员的安全。

从手机的普及到对驾车产生的危险，调查发现：

开车时使用手机被认为是非常普遍的。主管高速公路安全协会在"分心驾驶：研究表明什么和国家能做什么"中估计，7%—10%的司机在任何时间点都在使用手机，而手机的使用是造成汽车事故的重要因素(15%—30%的车祸至少涉及一名分心驾驶人)。为了回应人们对分心司机安全的担忧，45 个州制定了法律来监管驾驶时使用手机。

有两点值得注意。手机的普及给社会带来了巨大的变化，包括司机 57
分心导致的更多事故。那么社会反应如何呢？首先，制定了新的法律来
规范开车时使用手机。我们称之为法律解决方案。但众所周知，这些法
律过去(现在也是)经常被违反，而且肆意妄为，这就引出了我们的第二
点。当效用与危害发生冲突时，通常随之而来的是我们所谓的技术修
复。因此，"免提"蓝牙技术的出现，使得司机现在无需手持手机就可
以通话。就算如此，危险的分心现象可能也没有得到足够的缓解。那
么，另一项技术解决方案可能会发挥作用：大部分自动驾驶汽车倾向于
为"司机"腾出更多的专注时间，使得司机可以使用免提手机通话，从
而不仅允许存在更多的通话，还允许存在更多的口头口述和接收电子邮
件和短信。从这个例子中抽象出来，一旦通过技术修复手段将危害降低
到可容忍的水平时，要么在该活动领域是真的更加安全，要么就是该领
域内的人愿意冒更大的危险来换取新通信技术带来的好处。

在《第一修正案》总体的另一方面，有几个与评估个人伤害或社会
损害相关的一般性观点，这些个人伤害或社会损害可能会与宪法对机器
人表达的保护相冲突：

在正式的法律意义上，如果《第一修正案》法律拒绝保护人类说话
或表演时的一类言语或特定的表达活动，那么在机器人参与这类活动时
也不会得到保护。

这一主张比其他任何主张都更应该显得不言自明。如果表达活动完
全不在宪法《第一修正案》的保护范围内，那么法律将不太可能对人类
和机器人说话者作出正式区分。这与我们主张《第一修正案》包括机器
人表达的理由相一致：我们的观点是包容性的，而不是优先考虑的。

从功能现实主义的角度来看，《第一修正案》关于不保护言论的理
论可能会失败，因为先进的通信技术要么破坏法律限制的有效执行，要
么甚至挑战传统法律规范的持续社会价值。

我们之前对淫秽的讨论表明，技术创新与商业利益和个人享乐的驱

动相结合，放松了限制拥有和观看色情作品的法律联系。几乎没有限制的淫秽色情的可用性极大地改变了当代大众的态度，他们认为成人使用的以色情材料为内容的色情作品对社会造成了危害。

58　　在诽谤和隐私的背景下，是否也出现了同样的现象？关于这两个问题，传统的法律理论已经被 1996 年《通信规范法》第 230 条所规定的内容所削弱。这一具有里程碑意义的立法规定，赋予任何"交互式的计算机服务"的提供者和用户以诽谤和隐私的豁免权，这些"交互式计算机服务"发布其他人提供的帖子和信息。[42] 尽管这些保障措施不保护原始诽谤者和隐私侵略者，但第 230 条的效力是，排除了无法确定身份的人在互联网上所作陈述的所有责任。此外，法律可能会阻止侵权诉讼，因为互联网出版商、再版商和拥有最丰厚赔偿金的分销商不必承担责任。值得注意的是，第 230 条是"绝对主义者"，即其受益人超出了责任范围。

从功能上讲，先进的通信技术是否会通过反对诽谤和侵犯隐私的错误来损害文化行为？私人大众通信的经历是否会有效地阻止对许多此类侵权行为的检测，并最终使未来几代技术用户对传统上认为的危害失去敏感性？虽然现在评估这些社会文化趋势还为时过早，但有一些有趣的证据表明，尤其是在隐私方面，越来越多的宽容很可能是事实。例如，实证研究已经证实：

频繁使用 Facebook 和 Twitter 可以以某种方式缓解人们对隐私的焦虑。这并不是说社交网络用户还很幼稚——66% 的用户说他们比五年前对个人信息的控制力要弱……简单地说，他们对社交网络的使用，以及缺乏可能改变他们看法的戏剧性负面隐私事件，使得他们在 21 世纪对隐私问题不再那么不安。[43]

尽管"在商业环境中，消费者对个人数据共享的一些好处持怀疑态度"，但"他们"还是愿意作出权衡……当为他们共享信息提供免费服务时。[44]

综上所述，我们很有必要记住太阳微系统公司的首席执行官斯科特·麦克尼利(Scott McNealy)在 20 世纪末发表的关于互联网时代隐私权受到侵蚀的大胆宣言。"无论如何，你没有隐私"，他宣称，"克服它"。[45]尽管许多美国人"觉得他们的隐私正在受到诸如个人信息安全和保密能力等核心方面的挑战"，[46]但他们似乎正在逐渐克服这一问题。因此，旧的格言：我们适应环境(当然，在未来的环境中，一些技术手段可以保护隐私免受违反者的侵害。毕竟，技术可以是双向的)。

与此相反，现代通信技术可能会将其他保护言论自由的《第一修正案》学说推向顶峰，尽管这些学说在淫秽、诽谤和隐私等领域受到侵犯。这方面最明显的例子很可能是先前限制原则的未来运作。

传统上，《第一修正案》被首先理解为，能够防止政府强加类似于英国许可制度的事先限制，在许可制度下，印刷文本的出版取决于教会或国家当局的批准。鉴于这一历史原因，今天的《第一修正案》不赞成预先限制，即与其在通信发生之前进行行政或司法命令，不如随后对言论活动可能造成的伤害进行惩罚。[47]

59

《第一修正案》法理学中违宪的事先限制的典型案例是，联邦法院对五角大楼文件的印刷出版和发行所颁布的禁令，这一禁令被美国最高法院在纽约时报诉美国一案中(1971)宣布无效。[48]在最高级别司法审查背景下回复这一禁令时，法院认为有关国家安全利益的行政诉讼不足以构成事先限制，除非政府能够证明披露会对国家造成直接的、立即的和不可弥补的损害，等同于战争时期"危及海上运输安全"，或等同于"发动核屠杀"。[49]行政当局不仅没有履行关于损害的举证责任，而且争论的事实背景也清楚地表明，任何司法禁令都是完全无效的。作为宪法《第一修正案》的专家，弗洛伊德·艾布拉姆斯(在五角大楼文件案中代表《纽约时报》)解释道：

> 在《时代》被禁止出版这些文件的这段时间里，丹尼尔·埃尔斯伯格将其中的一部分提供给了其他 20 家报纸。美国哥伦比亚特区上诉法院的罗杰·罗布(Roger Robb)法官在审理一个相关案件时，询问

了政府的律师是否"让我们骑在一群蜜蜂上"。罗布法官的问题强调了一个不可避免的两难境地，即为出版设置任何事先的限制。一旦信息被发布，几乎不可能阻止其更广泛的传播。[50]

如果纸质出版物是这样的情况，那么在互联网和机器人时代更是如此吗? 在一个网络公开、发行、互联网镜像网站和电子研究能力强大的时代，事先的限制有多大可能使政府能够维护国家安全机密? 虽然为事先限制进行辩护的理论前提仍然在书本上，但在功能上，它们被推翻了，以至于事先限制障碍几乎变成了绝对的。*

从正式和功能的意义上讲，机器人表达的效用可能与其他社会价值一起致力于加强《第一修正案》的保护，并胜过政府干预刑事执法的主张。

例证: 阿肯色州诉詹姆斯·A.贝茨案(又名亚历克萨案，State of Arkansas v. James A.Bates)。[51] 通过亚马逊的亚历克萨和语音控制扬声器，《第一修正案》的工作既回应了过去，也预示了未来。当政府要求(通过搜查令或其他方式)记录某人与此类设备的对话，以便实施刑事起诉时，这些考虑就会得到极大的缓解，比如贝茨案。

一方面，这类要求让人想起政府试图追踪书店购买记录的做法。[52] 毫无疑问，这些行为牵涉到宪法《第一修正案》的价值，尽管这些书店"仅仅"是记录的保存处——印刷信息或电子存储数据的保存处。不管形式如何，记录可以追溯到一个人身上，并通过书籍(即无生命的物体)揭示了他或她的生活。[53]这里没有实时的双向交流;只有信息，只有数据。但人们与书店的互动，以及它们对此类商业交易的存储，足以引发《第一修正案》的保护范围，甚至引发了更严格的审查。[54]在所有这一切中，存在着一种幽灵，那就是"政府对人们的阅读、听力和观看选择进行跟踪和审查，这影响了宪法《第一修正案》的实施"。[55]当然，这

---

* 政府为防止机密材料的传播而采用的技术解决办法，虽然不是构成事先限制的正式行政或司法命令，但将在功能上发挥作用，以避免这种需要。

一切都是过去式了——这是关于实体书店应作为一个人的智力和表达生活的守护者的说法。

另一方面，也有现在和未来的时态。在书店里，有真正的人参与了最初的交流交易；在这里，只有虚拟的声音。但有些事情仍然保持不变：有交流(尽管是另一种交流)；有一个人与另一个人的交易记录的存储；有受托人保护这些交流以及与之相关的信息。因此，同样的基本问题仍然存在：交流型玩家和使用的媒介(真人和机器人设备)发生了什么变化。

让我们退一步来看一下，哪怕只是为了更好地了解这里工作的大局。通信是概念组合的重要组成部分。接收信息与《第一修正案》的价值联系在一起。保护这些信息是保护隐私的核心。不管它是否是书店或亚马逊的所有者，所有这些关注仍然会发挥作用。拒绝给予一个人应该给予另一个人的东西看起来很奇怪。如果有什么不同的话，由于电子企业的更广泛的性质(即更多的交流、更多的保存信息)，以及它所涉及的自由表达和隐私的相互依赖的价值，新媒体可能被认为是值得更大的保护的。在这种情况下，《第一修正案》不应该被限制在通信理论的范围内，因为通信理论没有真正意识到新世界的亚历克萨和她的算法后代所处的危险。

如果政府证明了广泛存在的个人或集体伤害的有说服力的经验证据，特别是当司法部门对规范言论的社会价值和效用持怀疑态度时，《第一修正案》的计算可能不利于对机器人表达的保护。即便如此，政府法规可能会被相对更有效的技术修复所掩盖。

机器人通话——通常被理解为计算机随机拨打的自动电话，它将播放预先录制的信息——这一现象说明了这一原则。在目前的机器人语音活动中，也许没有什么比机器人通话更普遍地受到公众的关注，也更臭名昭著地受到公众的厌恶。根据一份全国性的机器人电话指数报告，仅2015年12月，美国手机就接到了14.5亿个机器人电话，令人难以置信的是，美国每月的机器人电话数量增长了48.5%，首次超过10亿个。[56]

61

YouMail 首席执行官亚历克斯·奎里奇(Alex Quilici)对机器人电话的兴起表示惋惜:"这极大地消耗了美国的生产力,不断导致欺诈和针对毫无防备的公民的犯罪行为的发生,现在情况似乎正在变得更差。"[57]尽管在对全国总统初选的广泛总统候选人进行投票时,解释了自动电话部分过剩的部分原因,但最活跃的打电话者不是候选人而是收债者。在消费者金融保护局(Consumer Financial Protection Bureau)公布的违规者名单中,2015 年追债案件激增至首位,消费者投诉超过 5 万起。值得注意的是,"大约三分之二与收债有关的抱怨来自没有债务的人。超过 2.1 万名消费者报告称,他们为不属于自己的债务而烦恼"。[58]

然而,在滥用机器人电话事件中,最让人感觉深刻的是它对家庭内部个人隐私的侵犯。机器人电话通常在家庭时间和晚间娱乐时间使用。但它们甚至在半夜里就响了;也许最令人震惊的例子是 2010 年的一场政治选举中,一名候选人用机器人为前最高法院法官桑德拉·戴·奥康纳(Sandra Day O'Connor)配音,结果在凌晨 1 点被错误地发给了选民。[59]除了频率和时间,机器人电话经常伴随着"欺骗",也就是说,机器人电话通过在呼叫者的 ID 上显示一个虚构的电话号码来避免被发现他们的真实身份。[60]正是由于机器人电话的技术优势,它很容易导致这种滥用行为。自动拨号系统和文本或语音信息可以在数小时内设置,每条文本或通话的传输成本只有几美分。考虑到自动拨打电话的数量之多,机器人电话的覆盖范围要比任何大规模群发邮件活动都要广得多,也便宜得多。

重要的是,机器人电话代表了一个与本书中考虑的其他类型的机器人表达不同的情况。在之前讨论的大多数场景中,技术效率和效用价值主要是有利于机器人言论接收者的利益。然而,在未经请求的机器人电话中,技术效率和效用规范与公众利益背道而驰。这可能需要很长时间去证明第一修正案对许多反机器人电话立法的容忍是正当的。

62　　因此,联邦监管机构加大力度遏制机器人电话也就不足为奇了。仅在 2015 年,美国联邦贸易委员会(Federal Trade Commission)就收到了 300

多万起有关机器人电话的投诉。该委员会对 600 多家公司展开了调查，据称这些公司对数十亿次机器人电话负有责任，违反了《禁止拨打电话登记条例》(Do Not Call Registry Regulations)；截至 2015 年年底，联邦贸易委员会共收到超过 4100 万美元的民事罚款和 3300 万美元的赔偿金。[61]就其而言，联邦通信委员会在 2016 年年底之前与加拿大广播电视和电信委员会签署了一份正式协议，承诺两家机构合作打击来自各自国家管辖范围之外的非法机器人电话。联邦通信委员会执行局局长特拉维斯·勒布朗(Travis LeBlanc)解释说："我们知道，很多这样的电话都来自美国以外。""我们必须与全球通力合作，迅速查明这些电话的来源，并从源头上切断它们。"两家机构同意交换有关调查和投诉的信息，分享知识和专业性，包括法律理论和经济分析，互相了解重大进展，并提供其他援助。在此之前，美国联邦通信委员会执行局(FCC)与英国非请求通信执行网络[England's Unsolicited Communications，前身为伦敦行动计划(London Action Plan)]的成员在一年前签署了一份类似的谅解备忘录。[62]

2016 年 4 月，美国加利福尼亚州民主党议员杰基·斯派尔(Jackie Speier)提出了一项名为《"消费者对电话的不断骚扰令人反感"法案》(ROBOCOP 法案)，打击机器人电话的斗争由此进入了国会大厅。在消费者联盟(Consumer Union)和美国消费者联合会(Consumer Federation of America)的支持下，该法案将要求电信公司对虚假的来电者进行标识和屏蔽，并向客户提供免费的自动呼叫屏蔽技术。[63]然而，ROBOCOP 法案曾被提交给众议院能源和商务委员会(House Energy and Commerce Committee)审议，它在通信和技术小组委员会(Subcommittee on Communications and Technology)的管辖内戛然而止。[64]

各州政府也积极参与了与机器人通话者的战斗。截至 2016 年年底，41 个州和哥伦比亚特区已经通过了某种形式的州反机器人电话立法。然而，各州限制的类型各不相同。[65]有些州禁止所有的自动呼叫(至少在没有得到接收者事先许可的情况下)。[66]其他州主要规定了机器人来电的时间(通常只允许从早上 8 点或 9 点到晚上 9 点)、和/或披露机器人来电者的身份和联系人信息(包括反欺骗限制)。[67]许多州只专注于商业邀请,[68]而其他州则将商业、投票和信息收集的目的结合在他们的网络电话限制中。[69]一些州明确禁止打电话和发短信给手机。[70]然而,最重要的是,一些州(如阿肯色州、蒙大拿州、南卡罗来纳州和怀俄明州)明确禁止出于商业和政治目的使用机器人电话。正是这些分类控制在《第一修正案》的挑战下面临着最大的危险。

一方面,州法律禁止所有的机器人电话,无论其内容如何,或者只对时间和信息披露施加限制,联邦法院通常都支持这种做法,认为这些合理的时间、地点和方式规定都非常严格,足以满足政府保护家庭隐私的重要目的。[71]另一方面,特别是自从最高法院 2015 年对里德诉吉尔伯特镇(Reed v.Town of Gilbert)一案[72]作出裁决以来,针对各州反机器人电话法规的几项《第一修正案》挑战已经取得了成功。这些法规对受保护的言论类别(如商业、政治竞选、投票或信息演讲)进行了表面上的监管。[73]在这些情况下,法律明确禁止自动商业或政治信息,这些信息与所有其他不受管制的信息不同,他们被认为是基于内容的限制,是无法通过严格的审查的。尽管联邦法院承认,政府保护了免受外来入侵的有关住宅隐私和安宁方面的利益,但联邦法院认为这种分类限制存在致命缺陷。他们被认为既过度包容(在限制性较低的替代方案中,例如一天中的时间限制、呼叫者身份的披露和不呼叫者名单没有被证明是不可用的或无效的),又严重缺乏包容(因为法律允许对所有其他类型的言论进行无限制的机器人电话)。[74]

随着《第一修正案》面临挑战的前景日益显现,改革者已转向一种技术修复方案,以应对无限制的机器人电话所造成的社会危害——换句话说,转向一种在功能上有效且符合宪法要求的电子通信解决方案。2015 年 2 月,一场名为"结束机器人通话"的全国性运动在网上发起,旨在向电话公司和政府施压,要求他们开发更好的电话技术来屏蔽不需要的电话。这场运动随后受到了鼓舞,2015 年年中,联邦通信委员会公开鼓励"消费者使用机器人电话技术"，并于 10 月宣布将每周发布一次电话数据，帮助电信开发商能够开发出"不干扰"的技术。EndRobocalls.org 成立一年后，就拥有了 50 万用户，最终赢得了电话公司的关注。该公司董事与行业贸易集团美国电信(U.S.Telecom)会面，敦促开发先进的呼叫屏蔽工具，向电话客户免费提供这些工具。2015 年年底，结束机器人通话活动组织向 Verizon 和 CenturyLink 发送了 50 万个用户签名，以促使他们采取行动[75]（值得注意的是，到 2017 年年初，该组织的成员人数大幅攀升至 75 万人[76]）。

与此同时，30 多家科技公司和电信公司加入了一个由联邦通信委员会领导的名为"机器人电话打击部队"的联盟。该机构求助于苹果、Alphabet(谷歌的母公司)、AT&T 和 Verizon，以研究有效的反机器人电话技术解决方案。2016 年 8 月 19 日，联邦通信委员会主席汤姆·惠勒(Tom Wheeler)在华盛顿召开的联盟第一次会议上称，机器人电话是"灾难"，2016 年上半年，联邦通信委员会帮助中心收到的 17.5 万份投诉中，有一半以上是由机器人电话引发的。米尼翁·克莱伯恩(Mignon Clyburn)局长宣称，该委员会长期以来一直禁止滥用或反竞争使用分子阻断技术。"但消费者希望得到真正的缓解，我乐观地认为，从今天的谈话开始，我们将能够向消费者传达他们所要求的变革。"AT&T 首席执行官、联盟主席兰德尔·斯蒂芬森(Randall Stephenson)表示该打击部队将定期向联邦通信委员会报告"加快开发和采用新工具和解决方案的具体计划"。[77]

经过 60 多天令人震惊的 100 次会议，该组织的第一份报告揭示了技术修复的残酷现实——机器人电话不会简单或快速地停止。该打击部队在其三个目标上都取得了一些进展，即为消费者创建强大的呼叫阻止工具，加速实现高级的呼叫者 ID 身份验证，以及开发一个"不起源"列表，以结束接近源头的可疑呼叫。但联邦通信委员会和业内人士承认，仍需做更多的工作。联邦通信委员会主席惠勒在评论这份报告时说，"一项具有周密计划的工作是一项工作的一半"。[78]然而，无论反对机器人电话的斗争有多困难和漫长，毫无疑问，这场战争可能只能通过一种有效的技术手段来赢得，而这种技术手段是按照私人消费者的意愿部署的。

　　没有实用对象就没有价值。

——卡尔·马克思(Karl Marx)[79]

　　人们不需要普遍接受马克思主义信条，就能理解他的信条的真实性。这位德国社会主义哲学家和经济学家明白，一种商品在资本主义市场中的价值，如果不是在很大程度上由其效用决定的话，也是与它的效用紧密相连的。尽管这肯定不是马克思研究的核心，但他很可能对我们先进的资本主义和消费主义文化中思想市场的运作所能达到的程度感到惊奇。美国对《第一修正案》的信任在很大程度上取决于其对现代电子通信技术的包含和保护，这些技术因其个人和集体效用而存在价值。

　　然而，马克思并不是与机器人时代《第一修正案》的功能最相关的哲学先驱。这一荣誉属于英国诗人兼辩论家约翰·弥尔顿。现在轮到他和他著名的政治小册子《论出版自由》了。

注释

1. Alexander Meiklejohn, Free Speech and Its Relation to Self-Government(New York: Harper & Brothers, 1948).

2. Alexander Meiklejohn, "The First Amendment Is an Absolute", Supreme Court Review 1961: 245(1961).

3. Toni M.Massaro, Helen Norton, and Margot E.Kaminski, "Siriously 2.0: What Artificial Intelligence Reveals About the First Amendment", Minnesota Law Review 101: 2481, 2497(2017).

4. 同上，第 2499 页。

5. 同上，第 2488—2491 页。

6. 同上，第 2512 页。

7. See generally Lucien Febvre and Henri Jean Martin, The Coming of the Book: The Impact of Printing 1450—1800(New York: Verso, 1976); Paul F. Grendler, "Printing and Censor-ship", in Charles B. Schmitt, editor, The Cambridge History of Renaissance Philosophy(New York: Cambridge University Press, 1988), p.45.

8. Mutual Film Corporation v. Industrial Commission of Ohio, 236 U.S. 230 (1915), overruled in Joseph Burstyn, Inc. v. Wilson, 343 U.S. 495(1952). See generally Laura Wittern-Keller, Freedom of the Screen: Legal Challenges to State Film Censorship, 1915—1981(Lexington: University Press of Kentucky, 2008).

9. Alexander Meiklejohn, Political Freedom: The Constitutional Powers of the People(New York: Oxford University Press 1965) (foreword by Malcolm P.Sharp), pp.xv, xvi.

10. John Stuart Mill, On Liberty, edited by David Bromwich and George Kateb (New Haven, CT: Yale University Press, 2003), p.81.

11. 376 U.S. 254(1964).

12. 这句话出自 Heraclitus of Ephesus(circa 535 BC-475 BC)。

13. 354 U.S. 476, 485(1957).

14. 413 U.S. 15, 36(1973).

15. 521 U.S. 844(1997)(废除《通信礼仪法案》中的反猥亵条文)。

16. 同上，第 850(省略注释)。

17. 同上，第 885 页。

18. 535 U.S. 564(2002).

19. 同上，第 566 页。

20. Ashcroft v.ACLU, II, 542 U.S. 656(2004).

21. Harry M.Clor, Public Morality and Liberal Society: Essays on Decency, Law, and Pornography(Notre Dame, IN: University of Notre Dame Press, 1996).

22. Walter Berns, Freedom, Virtue and the First Amendment(New York: Gateway Books, 1965).

23. See e.g., Catharine MacKinnon, Only Words(Cambridge, MA: Harvard University Press, 1996).

24. See e.g., Andrea Dworkin, Pornography: Men Possessing Women(New York: Perigee Trade, 1981).

25. Frederick Schauer, Free Speech: A Philosophical Inquiry(New York: Cambridge University Press, 1982), p.182.

26. 引用自 Ronald Collins and David Skover, The Death of Discourse(Durham, NC: Carolina Academic Press, 2nd edn., 2005), p.188(与罗伯特·马普莱索普的色情照片相关)。

27. Ibid.

28. Frederick Schauer, "Harm(s) and the First Amendment," Supreme Court Review, 2011: 81(2011).

29. 同上，第 83 页（"总的来说，最高法院的言论和原则并没有直接面对言论造成的危害问题"）。

30. 250 U.S. 616(1919)(从一栋建筑的窗户上扔下两张传单，其中一张是意第绪语，被认为违反了间谍法，不利于国家的战争）。

31. 130 S.Ct. 2705(2010)("物质支持或资源"，甚至对被认定为不受宪法《第一修正案》保护的特定恐怖组织的非暴力活动）。

32. 564 U.S. 552(2011)(佛蒙特州法规限制销售、披露和使用记录，这些记录披露了个别医生的处方做法，违反了《第一修正案》）。

33. 134 S.Ct. 1434(2014)(废除《联邦竞选法案》的"总捐款限额"）。

34. 参见如，Ocala Star-Banner Co. v. Damron, 401 U.S. 295, 301(1971) (White, J, concurring) (defamation of public officials), and Monitor Patriot Co. v. Roy, 401 U.S. 265, 301(1971) (White, J, concurring) (defamation of public officials)。

35. R.A.V. v.St. Paul, 505 U.S. 377(1992).

36. 参见如，City of Renton v.Playtime Theaters, Inc., 475 U.S. 41(1986) and its "secondary effects" progeny；Garcetti v. Ceballos, 547 U.S. 410(2006) (public employee speech)。

37. See United States v.Stevens, 559 U.S. 460(2010)；Snyder v.Phelps, 562 U.S. 443(2011)；Brown v.Entertainment Merchants Association, 564 U.S. 786(2011).

38. Rebecca Brown, "The Harm Principle and Free Speech," Southern California Law Review, 89: 953, 955(2016)(脚注省略)。

39. 同上，第 1008 页。

40. 同上，第 1009 页。

41. Erich Muehlegger and Daniel Shoag, "Cell Phones and Motor Vehicle Fatalities", Science Direct(2014), at scholar.harvard.edu/files/shoag/files/cell_phones_and_motor_vehicle_fatalities.pdf.

42. A useful summary of Section 230 of the Communications Decency Act and judicial applications of that provision is provided in "Immunity for Online Publishers under the Communications Decency Act", Digital Media Law Project, at www.dmlp.org/legal-guide/immunity-online-publishers-under-communications-decency-act.

43. Bob Sullivan, "Study: Social Media Polarizes Our Privacy Concerns；Facebook and Its Competitors Are Challenging Long-Held Perceptions of Privacy", NBCNews.com, March 10, 2011, at www.nbcnews.com/id/41995992/ns/technology_and_science/t/study-social-media-polarizes-our-privacy-concerns/# .WJ-ssk0zXIU.

44. See Mary Madden, "Public Perceptions of Privacy and Security in the Post-Snowden Era", PewResearchCenter. com, November 13, 2014, at www. pewinternet.org/2014/11/12/public-privacy-perceptions/.

45. See, e.g., Polly Sprenger, "Sun on Privacy: 'Get Over It'", Wired. com, January 26, 1999, at archive.wired.com/politics/law/news/1999/01/17538.

46. Madden, "Public Perceptions".

47. 英美先前限制法的历史记载及其与《第一修正案》的关系，参见，如，David Rudenstine, The Day the Presses Stopped: A History of the Pentagon Papers Case(Berkeley: University of California Press, 1996); Lucas Powe, The Fourth Estate and the Constitution: Freedom of the Press in America(Berkeley: University of California Press, 1992); Thomas I.Emerson, The System of Freedom of Expression (New York: Random House, 1970)。

48. 403 U.S. 713(1971).

49. 同上，第 726—727 页(Brennan, J., concurring)。

50. Floyd Abrams, Speaking Freely: Trials of the First Amendment(New York: Penguin Books, 2006), pp.239—240.

51. See Arkansas v. Bates, Defendant's Memorandum of Law in Support of Amazon's Motion to Quash Search Warrant(Cir. Ct., Benton, County, Ark., # CR-2016-370-2) (February 17, 2017). The court never ruled in the controversy, because the defendant eventually authorized Amazon to release the Alexa recordings. See, e. g., Sylvia Sui, "State v.Bates: Amazon Argues That the First Amendment Protects Its Alexa Voice Service", Jolt Digest, March 25, 2017, at jolt.law.harvard.edu/digest/amazon-first-amendment.

52. See, e.g., "In re Grand Jury Subpoena to Kramerbooks & Afterwords", Media Law Report, 26: 1599(D.D.C., 1998) and Tattered Cover, Inc. v.City of Thornton, 44 P.3d 1044(Colorado, 2002).

53. See, e.g., Riley v.California, 134 S. Ct. 2473, 2489(2014) (electronic devices and the data they contain that "reveal much more in combination than any isolated record" and expose "the sum of an individual's private life").电子设备及其所包含的数据相比任何单独的记录结合在一起，能"揭示出更多的东西"，并揭示"个人私生活的总和"。

54. See, e.g., In re Grand Jury Subpoenas Duces Tecum, 78 F.3d 1307, 1312 (8th Cir., 1996); In re Faltico, 561 F.2d 109, 111(8th Cir., 1977); In re Grand Jury Investigations of Possible Violations of 18 U.S.C. § 1461, 706 F.2d 11(D.D.C., 2005).

55. Amazon.com LLC v.Lay, 758 F.Supp., 1154, 1168(W.D., Washington, 2010).

56. "U.S. Robocall Volume Reaches 1.45 Billion Calls in December, Breaking New Record for YouMail National Robocall Index Report", PRNewswire. com, January 19, 2016, at www. prnewswire. com/news-releases/us-robocall-volume-reaches-145-billion-calls-in-december-breaking-new-record-for-youmail-national-robocall-index-report-300205468.html.

57. John W. Schoen, "Which Cities Receive the Most Robocalls", CNBC.com, January 15, 2016, at www. cnbc. com/2016/01/15/which-cities-receive-the-most-robocalls.html.

58. Ibid.

59. See Ben Smith, "O'Connor Backs Off Robocalls", Politico, October 28, 2010, at www. politico. com/blogs/bensmith/1010/OConnorbacksoffrobocalls. html. Apparently, Justice O'Connor did not authorize the use of her statement as part of the robocall campaign.

60. 只举一个例子，一家名为"Robotalker"的在线公司就以预付费块的形式提供自动短信和电话服务。长达两分钟的语音信息可以以 2.2 美分的价格传输。书面信息的发送成本甚至更低，每条短信收取 1.1 美分的价格。

61. 同上(FTC investigations)；"'ROBOCOP' Bill Seeks to End Annoying Calls", Half Moon Bay Review, April 27, 2016, at www. hmbreview. com/news/robocop-bill-seeks-to-end-annoying-calls/article_8475dba2-0cb6-11e6-8938-37216c790dde. html(over three million complaints received by FTC).

62. "FCC Signs Robocall Agreement with Canadian Regulator: Commission Continues International Enforcement Partnerships", FCC News Release, November 17, 2016, at https: //apps.fcc.gov/edocs_public/attachmatch/DOC-342223A1.pdf.

63. See H. R. 4932—ROBOCOP Act, 114th Congress 2nd Session, Congress. gov, April 13, 2016, at www.congress.gov/bill/114th-congress/house-bill/4932/text; Denise Riley, "Fight Back against Robo Calls", MyEasternShoreMD. com, May 8, 2016, at www. myeasternshoremd. com/opinion/article_61a92597-542e-5341-80e4-4f0622ea056c.html.

64. See "All Actions—H.R. 4932", Congress.gov, April 15, 2016, at www. congress.gov/bill/114th-congress/house-bill/4932/all-actions?overview= closed# tabs.

65. The facts and figures in this paragraph derive from the compendium of state laws regulating automated calling maintained by Robo-Calls.net, at www.robo-calls. net/robo-call-laws.php. Only nine states—Alabama, Alaska, Arizona, Delaware, Georgia, Ohio, Vermont, West Virginia, and Wisconsin—are listed as having no restrictions on robocalls at the state level.

66. 这些州包括加利福尼亚州、科罗拉多州、印第安纳州、明尼苏达州、新泽西州和北达科他州。

67. 这些州包括夏威夷州、爱达荷州、伊利诺伊州、缅因州、密西西比州、纽约州、俄克拉荷马州、俄勒冈州和田纳西州。

68. 这些州包括马里兰州、马萨诸塞州、密歇根州、密苏里州、新墨西哥州、宾夕法尼亚州、罗德岛州、南达科他州、犹他州、弗吉尼亚州、华盛顿州和哥伦比亚特区。

69. 这些州包括肯塔基州和北卡罗来纳州。

70. 这些州包括缅因州和得萨斯州。

71. 参见如 Van Bergen v.Minnesota, 59 F.3d 1541(8th Cir., 1995)(明尼苏达州的一项反机器人来电法规明确禁止不论内容如何的任何来电，除非来电者和收件人之前存在业务关系)；Bland v.Fessler, 88 F.3d 729(9th Cir., 1996)(支持加州的反机器人电话法案，类似于明尼苏达州的反堕胎法案)；Oklahoma ex rel. Edmonson v.Pope, 505. Supp. 2d 1098, 1106(2007)(发现俄克拉荷马州的机器人电话披露要求"不再限制言论，或强迫言论不超过实现其目的所必需的")。美国最高法院特别关注政府保护住宅隐私的利益，使其免受未经邀请和独特的侵犯性言论的侵害，因此，在各州反对机器人电话立法中实施的各种禁令中，时间限制无疑是最有可能存在的。参见，如，Frisby v.Schultz, 487 U.S. 474, 471 (1988)("我们一再强调，个人不需要欢迎不受欢迎的言论进入自己的家中，政府可能会保护这种自由")；Hill v.Colorado, 530 U.S. 703, 716—717(2000)("避免不受欢迎言论的权利在家庭隐私中具有特殊的效力")。

72. 135 S.Ct. 2218(2015).里德(Reed)认为，任何表面上基于内容的政府监管，都必须受到最高级别的司法审查，即使对内容的限制是观点中立的，即使政府的动机对受监管的言论类别没有歧视敌意。克拉伦斯·托马斯大法官对最高法院的意见解释说，"基于内容的法律——那些以其传播内容为目标的言论——是推定违宪的，只有当政府证明这些法律是专为满足各州的迫切利益而制定的，才有可能被证明是正当的"。正如法学家所描述的，"内容中立分析的关键第一步"是"确定法律表面上是否内容中立"。即使法律通过了第一步，如果它"不能'在不参考规范言论的内容的情况下被证明是正当的'，或者'由于与(该言论)传达的信息不一致而被政府采纳'，那么它也可能被认为是基于内容的"。同上，第 2227 页[quoting Ward v.Rock against Racism, 491 U.S. 781, 791(1989)]。

73. 参见，如，Gresham v.Rutledge, 198 F.Supp. 3d 965(E.D.Arkansas, 2016)废除阿肯色州的反机器人电话法规，该法规明确禁止"以提供任何商品或服务出售为目的"的自动电话……或用于索取信息、收集数据，或用于与政治竞选有关的任何其他目的，作为一种基于违宪内容的受保护言论监管，并不仅限于进一步满足政府所宣称的隐私和安全担忧。南卡罗来纳州的《反机器人通话法》表面上只禁止"未经请求的消费者电话"，以及那些"带有政治性质的电话，包括但不限于与政治竞选有关的电话"，是一项基于内容的非法监管，无法经受严格审查。

74. 在这些方面，卡哈利(Cahaly)的决定是有说明意义的。法官阿尔伯特·迪亚兹(Albert Diaz)在第四巡回上诉委员会的意见中这样描述了南卡罗来纳机器人电话法规的过度包容："政府声称，这里的利益是保护住宅隐私和宁静，免受不必要的、侵入性的机器人电话的干扰。假设这种兴趣是引人注目的，我们认为政府未能证明反机器人电话法规是专门为它服务的。包括时间限制、强制披露来电者的身份，或拒收来电者名单等似乎不那么严格的替代方案……政府没有提供任何证据表明，这些替代方案不会有效地实现其利益。"(796 F.3d at 405)关于该法案的包容性不足，迪亚兹法官解释道："与此同时，该法案也存在包容性不足的问题，因为它限制了两种类型的自动呼叫——政治电话和消费者电话——但允许所有其他类型的'无限扩散'。"同上，第406页(citation omitted)。For analyses of the Gresham controversy, see Venkat Balasubramani, "Anti-Robocall Statute Violates First Amendment—Gresham v.Rutle-dge", Technology & Marketing Law Blog, September 6, 2016, at blog. ericgoldman. org/archives/2016/09/anti-robocall-statute-violates-first-amendment-gresham-v-rutledge. htm；Linda Satter, "Political Consultant Sues State over 'Robocalls' Ban", Arkansas Online, May 5, 2016, at www. arkansasonline. com/news/2016/may/05/political-consultant-sues-state-over-robocalls-ban. htm；Caleb J. Norris, "Note：Constitutional Law—First Amendment and Freedom of Speech—The Constitutionality of Arkansas's Prohibition on Political Robocalls", University of Arkansas Little Rock Law Review 34：797(2012).

75. 关于结束机器人电话宣传活动的事实和数字，参见"Ending Robocalls", FoxNews.com, January 21, 2016, at www. foxnews. com/tech/2016/01/21/ending-robocalls.html。

76. See https：//consumersunion.org/end-robocalls/.

77. 关于打击机器人电话，参见 Nick Statt, "Apple and Google Join 'Strike Force' to Crack Down on Robocalls", The Verge, August 19, 2016, at www. theverge.com/2016/8/19/12556698/apple-google-fcc-robocall-strike-force-call-blocking。

78. 关于第一次打击机器人电话的60天报告，参见 Chris Morran, "After 60 Days, What Has the 'Robocall Strike Force' Accomplished?", Consumerist, October 27, 2016, at https：//consumerist.com/2016/10/27/after-60-days-what-has-the-robocall-strike-force-accomplished/。

79. Karl Marx, Capital：A Critique of Political Economy, edited by Frederick Engels, trans. Samuel Moore and Edward Aveling(Moscow：Progress Publishers, 1887), part I, chapter 1, p.30.

后记：从《论出版自由》到
《机器人的话语权》

65

给我自由去了解、去表达、去自由辩论……最重要的是自由。

——约翰·弥尔顿(John Milton)[1]

　　这些文字是近四个世纪前印出来的。它们出现在一本名为《论出版自由：约翰·弥尔顿先生为未经许可的印刷自由发表的演讲》的著作中。这本 1644 年出版的小册子上写着"致英格兰议会"。这是一个大胆的举动，紧随 1643 年的出版许可令之后，当时国会强迫作家只有获得政府许可后才能出版任何印刷品。

　　在政治家詹姆斯·麦迪逊(James Madison)撰写保护印刷技术的《第一修正案》文本的几个世纪之前，以约翰·弥尔顿为代表的诗人就曾在印刷领域捍卫过这项技术。诗人和政治家都向立法者强调过，因为这些立法者将会删减这种"不可信"技术的工作成果。

　　假设：现代性始于印刷机。它彻底改变了人们的交流方式和思想方式、崇拜的方式、开展业务的方式——也就是说，与周围世界的所有互

109

动方式。是的，它很光荣，但也很危险。毕竟，它带来了一系列新的伤害，这些伤害在口头和涂鸦时代基本上是未知的。技术可以做到这一点，或者至少说有效的技术可以做到这一点。当这种情况发生时，审查制度就准备要求其应有的权利。

如果诗人弥尔顿是启蒙运动的朋友，那么辩论家弥尔顿也是教会及其统治臣民生活的敌人。如果他帮助推进市场中真相的原因查找，那么他的自由主义立场使真相有可能受到猛烈的攻击。如果他关于新闻自由的观点指出它是用来促进法治的，那么他内心深处的激进派则为刺杀国王进行了辩护。如果崇高的价值观在他的思想中得到保护，那么卑微的价值观(比如他对离婚和一夫多妻制的辩护)就会在他的作品中得到庇护。因此，他创造了"混乱"这个词就不足为奇。[2]这种混乱——好的、坏的，有福的，平庸的，所有的战争——被他以诗情画意所捍卫的媒介即印刷所强化。因此，如果他对这项技术的辩护指向一个自由的乌托邦，它同样也带来了一个"失乐园"，颠覆了现状。只记得威廉布莱克是如何评价他的：弥尔顿是"魔鬼党"的成员。[3]

现在想想《论出版自由》中的这段话："至于监管媒体，不要让任何人认为自己有这份荣耀，比自己更好地为你们提供建议。"[4]通过这种方式，就弥尔顿所珍视的"永恒的进步"和他对"一致和传统"的终身攻击而言，没有真相，没有信条，没有规范是安全的。这种心态和那些攻击激发了他对印刷的辩护。[5]我们的观点：任何新的有效的通信技术都会改变价值的计算，同时重新调整我们对伤害的理解。

正如弥尔顿钟爱的印刷机有着巨大的价值和实用价值，机器人交流也是如此。正如印刷术带来的新危险一样，机器人交流也将面临同样的危险。我们如何在这些危险的水域中航行尚不确定；这种交流也不会变得普遍存在。用弥尔顿的话说，会不会有文化和法律的混乱？当然。

曾经人们花更多的时间进行面对面交流。现在人们的视网膜被固定在智能手机的屏幕上，所以苏格拉底哭了。由于书籍和大众识字，启蒙运动的希望一度几乎实现了。随着时间的推移，这种希望被商业电视上有趣的画面所破坏——约翰内斯·古腾堡因此而悲痛不已。由于互联网提供了前所未有的信息存储库，曾经出现的以前所未有的方式获取知识的希望似乎迎来了人类历史上的新一天。但随着越来越多的人转向互联网寻求色情内容和其他形式的娱乐，这一承诺变得有些虚幻。发明网络的牛津大学教授、计算机科学家蒂姆·伯纳-李(Tim Berner-Lee)肯定想知道出了什么问题。

现在来看看我们的世界，一个通信技术不断进步的世界。谷歌的算法有望解决我们的"问题……到答案"。但它们的潜力远远超出了好奇心的范畴。我们已经和像"Alexa"和"Siri"这样的智能扬声器进行了交流，它们利用算法的魔力来回答我们的问题，给我们指路，为我们购物，打开我们的电器，等等。是的，这就是通信。当然，这不是人与人之间的关系，但我们在很久以前就抛弃了那种模式。当我们在以算法为基础的现代通信世界中进行连接时，曾经难以驾驭的无限王国将比以往任何时候都受到更大的约束——并为我们服务。这种转变发生在人们与机器人增强的设备交流时，或者当这些设备彼此交流但代表我们在交流时。因此，我们的智能与它的姐妹——人工智能——协同工作。

在这个过程中，通信的理念发生了变化，就像苏格拉底时代一样。不妨这样想：通信取决于授权。我们将开发和传递消息的任务委托给机器。通过这种方式，距离被克服了(例如，使用手机进行跨国通话)，速度被提高了(例如，通过短信进行近乎即时的交流)，视觉效果得到了扩展(例如，Skype)，功能得到了增强(例如，机器人交易)，大众通信被重新定义了(例如，发送给数百人的 Snapchat 信息)，以及其他许多事情。技术性授权为说话者和信息传递之间搭建了沟通的桥梁。换句话说，机器人技术就像我们的交流代理人；从经济交易到学术公式，他们是代表我们"说话"的代理人。

因此，这种通信的授权原则具有很大的效用性。正是印刷术的发明使改革成为可能。正是这个原则赋予了约翰·弥尔顿的反教权激进主义持久的力量。在起草宪法《第一修正案》时，詹姆斯·麦迪逊试图保护

67

的正是这一原则。从先进资本主义的工作原理(难怪我们会保护商业言论)到政治、精神和文化领域的虚拟群体，正是这一原则赋予了这一切活力。

理解这一点：我们的授权原则是变革的；它几乎改变了它所触及的一切——例如，我们的通信概念、我们对危害的想法和我们的言论自由观念。它是效用性的仆人；它有助于赋予它价值。这就是为什么通信技术在许多情况下需要《第一修正案》的包含，甚至宪法保护。如果法官和学者没有认识到这一原则，那是因为他们太专注于《第一修正案》所保护的信息；他们几乎忽视了使这些信息成为可能的媒体的重要性。与目前的想法相反，麦迪逊的词语"或新闻界"的含义具有了新的意义。我们在这本书中所作的部分努力，就是要重新加强以媒体为中心对《第一修正案》的理解在宪法上的重要性。贬低通信媒介的宪法价值就是贬低《第一修正案》和降低授权原则与麦迪逊承诺的相关性。

但如果我们不这么想，如果我们敞开心扉，思考在这里起作用的更大的力量，我们可能很快就会到达《论出版自由》和《机器人的话语权》的概念交汇点。

注释

1. John Milton, Selected Essays of Education, Areopagitica, The Commonwealth, edited by Laura E.Lockwood(Boston, MA：Houghton Mifflin Company, 1911), p.128 (words："according to conscience").

2. See Jonathan Rosen, "Return to Paradise", The New Yorker, June 2, 2008.

3. Ibid.

4. Areopagitica, p.139.

5. 同上，第 106 页。

评论

上下文中的机器人的话语权：对评论的介绍

瑞恩·卡洛(Ryan Calo) *

七年前，我和法学教授保罗·欧姆(Paul Ohm)、迈克尔·弗鲁姆金(Michael Froomkin)一起参加了年度法律与社会协会(Law and Society Association)会议。我一直在写有关机器人法律和政策的文章，并发表了一篇关于消费机器人可能带来的产品责任挑战的论文。[1]弗鲁姆金和欧姆不断地向我提出问题，并提出了一系列的见解，这些见解一直贯穿到我今天的工作中。谈话的结果是如此富有创造力，以至于弗鲁姆金很快说服了他在迈阿密大学法学院的院长举办了首届年度机器人法律与政策会议，通俗地说就是"我们机器人"大会。

那是 2012 年 4 月。2017 年是耶鲁大学法学院举办的第六届"我们机器人"年度大会，第七届计划于 2018 年 4 月在斯坦福大学举行。主题

* 瑞恩·卡洛是华盛顿大学莱恩鲍威尔与 D.韦恩·吉丁格(the Lane Powell and D.Wayne Gittinger)的法学副教授。他是华盛顿大学技术政策实验室的联合主任，该实验室是一个独特的跨学科研究机构，涵盖了法学院、信息学院和保罗·G.艾伦计算机科学与工程学院。卡洛教授在华盛顿大学信息学院和俄勒冈州立大学机械、工业和制造工程学院担任职务。他对法律和新兴技术的研究发表在领先的法律评论(《加州法律评论》、《芝加哥大学法律评论》和《哥伦比亚法律评论》)和科技出版物(《自然》、《人工智能》)上，并经常被主流媒体引用(《纽约时报》《华尔街日报》)。

包括私营部门在管理自主武器方面的角色到未来的前景，即人们将为"道德沦丧区"服务，承担他们无法真正控制的机器人行为的责任。[2]在"我们机器人"领域内外的学者们都已经发表了许多法律评论文章，涉及自动驾驶汽车、无人驾驶飞机、外科机器人和无数其他主题。北美大约有十几所法律学校开设机器人法律和政策课程。这个团队日复一日地发展壮大。

是什么让机器人如此迷人？答案在很大程度上在于机器人倾向于将有生命的和无生命的混合在一起。它们是机器，但机器与人相似，甚至可以代替人。[3]机器人存在于物体和主体之间的某种朦胧状态中。[4]这就是为什么，例如，当法官试图描述一个在特定环境下缺乏代理资格的人类被告时，他们会以机器人为例作出说明。[5]为什么一个贸易法庭可能会因为关税法案的目的而难以将机器人玩具定性为有生命的或无生命的？[6]以及为什么税务机关可能会要求一家以全机器人乐队为特色的餐厅对食物征收绩效税呢？[7]

在法律领域中，机器人的受限性提出了一个特别深刻的挑战，那就是言论自由。2013年，《宾夕法尼亚大学法律评论》发表了一篇关于机器人或"机器"言论的辩论，辩论的双方是著名学者蒂姆·吴(Tim Wu)和斯图尔特·本杰明(Stuart Benjamin)，主要围绕言论自由法是否需要，以及如何根据算法产生的交流来改变这一问题而展开。[8]蒂姆·吴看到了一种有用的功能主义倾向，认为法院可以很容易地适应机器人言论，而本杰明则认为，有朝一日，机器人的言论可能需要对《第一修正案》的法学进行彻底的改变。其他学者——包括本书中杰出的受访者——已经着手研究机器人言论权利问题的相关维度。[9]

你刚刚读过的《机器人的话语权》一书，代表了一种独特而广泛的贡献，它对围绕机器人语言的日益增长的论述作出了贡献。柯林斯和斯科弗是对《第一修正案》研究最深入的两位专家，他们把自己敏锐的好奇心和清晰的文笔，转向研究一个重要的门槛问题，未来的调查将以这个问题为基础：机器人的交流是言论吗？如果是的话，为什么？

在探索这个问题的过程中，柯林斯和斯科弗带领读者对通信技术及其引发的审查制度进行了历史性的回顾。我对机器人技术和人工智能的社会影响有相当多的看法，但对以前的技术和组成技术的看法则很少。我着迷于从口头语言到书面语言的转变，印刷机的发明，以及柯林斯和斯科弗精确分类的电子通信的到来。同样，我对《第一修正案》的了解来自法学院，我知道自由言论原则与隐私法和侵权法有着各种方法的交叉。我再次受益匪浅，因为《机器人的话语权》着重讨论了能否将一些人类(或非人类)活动作为言论来涵盖的理论基础。然而，我并不惊讶地发现，与其他地方一样，机器人在《第一修正案》中也难以定性。这似乎是机器人的命运。

柯林斯和斯科弗邀请了一系列对话者就该书的论点发表评论，这可能为未来的机器人法律和政策研究提供一个模型。我可以证明这个群体的一些事情。首先，他们是深入的主题专家。其次，大多数人已经对机器人言论的具体问题进行了大量的写作或思考。再次，他们在知识上是多元的、独立的，很少倾向于对柯林斯和斯科弗的叙述持同情的态度。[10]

詹姆斯·格林梅尔曼同意《机器人的话语权》的分析，即在没有明显的"人在幕后"的情况下，交流也有意义。但他不同意柯林斯和斯科弗将任何有用的机器人传输视为言论的观点。在黑暗的房间里，一个灯泡亮着。这是言论吗？ 如果不是，限制原则是什么？ 对于格林梅尔曼来说，柯林斯和斯科弗对效用准则的接受并没有起到必要的作用。"言论吞并世界"，格林梅尔曼写道，"因为人类关心的任何事情都是有用的"。

海伦·诺顿(Helen Norton)还针对《机器人的话语权》所强调的效用进行了质疑，效用是《第一修正案》保护范围内的指导原则，那么到底谁的效用才算有用。人们在晚餐时间进行机器人电话通话，或使用 Twitter 机器人传播错误信息和滥用信息，可能会在这些新的形式中找到效用。但这并不意味着接收者也如此。正如诺顿所言，"有时听众对效用的评估是直接冲突的"。柯林斯和斯科弗可能会回应说，他们希望效

73

用是指整个机器人言论的媒介，而不是任何一个特定的实例。即使在这个层面上，我们可能也会像诺顿一样怀疑，机器人的语言是否会不成比例地造福于当权者。

简·巴伯尔(Jane Bambauer)恰如其分地将《机器人的话语权》描述为"智力上的刺激之旅"，她从相反的方向挑战柯林斯和斯科弗。如果说有什么不同的话，她认为《机器人的话语权》可能低估了机器人能够增强我们智力发现能力的方式。她写道："电脑提升了思维能力，甚至超越了交流能力。"我可以证明，当代人工智能的许多最令人兴奋的应用都涉及识别人类无法识别的模式。当我们探索机器人和言论的交叉时，巴伯尔鼓励我们对政府试图削弱机器人感知和处理信息的能力(感觉的)持怀疑态度，就像我们对停止通信(审查的)持怀疑态度一样。事实上，尽管《第一修正案》继续加强对通信的保护，但它对发明的保护仍然前后不一。巴伯尔利用这一观点，对贯穿《机器人的话语权》核心的语言/行为区分进行了一定的改进。

著名的《第一修正案》律师布鲁斯·约翰逊(Bruce Johnson)敦促柯林斯和斯科弗考虑一下公众关注的"非常不受约束的马"在校准机器人言论权利方面所扮演的角色。和诺顿一样，约翰逊指出，机器人的言论也会产生赢家和输家。约翰逊认为，其中一个输家可能是整个社会，因为公民的话语受到了严重侵害。在极端情况下，"《第一修正案》将推翻阿西莫夫的机器人第一定律"——机器人将能够伤害人类，至少在公众关注的问题上是这样。然而，与此相反，普通法侵权可能会在几乎不起波澜的情况下，驯化新类别的"无意图"言论。

我对《第一修正案》理论的来龙去脉不甚了解，我自己对《机器人的话语权》的看法与柯林斯和斯科弗提出的有趣的问题有关，因为他们几乎只把重点放在范围问题上。[11]我想知道如果我们保护会发生什么。比如说，机器人有言论权；他们能享有全部的权利么？例如，假设范围，机器人是否有权像人那样匿名说话？或者政府会要求机器人发言者把自己当成机器吗？

当人们和机器人在表达上发生冲突时会发生什么？在《机器人的话语权》接近尾声时，柯林斯和斯科弗重申，"机器人技术就像我们的交流代理人；他们是代表我们'说话'的代理人"。当机器人的言论与机器人创造者的意图完全背道而驰时，有趣的问题出现了。2016 年，一个叫 Tay 的微软聊天机器人疯狂地运行，并开始在 Twitter 上否认大屠杀。[12] 假设微软在某种程度上失去了对 Tay 的控制，那么微软是否可以寻求政府的帮助来关闭 Tay，因为它与"她"的信息不一致？

《机器人的话语权》并不像一群无人机那样回答围绕机器人说话的每个问题。这最终是一种优势，而不是劣势。这本书为我们的时代提出了一个关键的问题，并向社会其他成员发出了热情的邀请，让他们参与进来，现在就从这些评论开始。我很高兴看到《第一修正案》和机器人学法律文献是如何解决这些问题的。通过对自由言论的历史和背景的深刻理解，以及对机器人未来的开放好奇，《机器人的话语权》代表了对机器人和人工智能的广泛问题进行深入探索的正确模式。

注释

1. Ryan Calo, "Open Robotics", Maryland Law Review 70: 571(2011).

2. M. C. Elish, "Moral Crumple Zones: Cautionary Tales in Human Robot Interaction", Proceedings of We Robot 2016, at papers.ssrn.com/sol3/papers.cfm?abstract_id= 2757236.

3. Jack B.Balkin, "The Path of Robotics Law", California Law Review Circuit 6: 45(2015), responding to Ryan Calo, "Robotics and the Lessons of Cyberlaw", California Law Review 103: 513(2015).

4. 我把这种品质称为"社会价值观"。同上，第 545 页。

5. Ryan Calo, "Robots as Legal Metaphors", Harvard Journal of Law and Technology 30: 209(2016).

6. Louis Marx & Co. v.United States, 40 Cust. Ct. 610(1958).

7. Comptroller of the Treasury v.Family Entertainment Center of Essex, Inc., 519 A.2d 1337(Md. 1987).

8. See Tim Wu, "Machine Speech", Pennsylvania Law Review 161: 1495

74

(2013) and Stuart Minor Benjamin, "Algorithms and Speech", Pennsylvania Law Review 161：1445(2013).

9. See, e. g., James Grimmelmann, "Speech Engines", Minnesota Law Review 98：868(2014)；Toni M.Massaro and Helen Norton, "Siriously? Free Speech Rights and Artificial Intelligence", Northwestern Law Review 110：1169(2016).

10. 鉴于机器人法律和政策具有完全跨学科的特点，听取研究机器人设计并提供信息的计算机科学和工程学学者的意见可能也很有趣。我打算为这些领域的一些同事购买机器人学的印刷品，并征求他们的意见。

11. 弗雷德里克·绍尔有个著名的论断，他将言论是否被《第一修正案》所包括的门槛问题与从该修正案中得到何种保护的问题进行了区分。最近的讨论参见，Frederick Schauer, "The Boundaries of the First Amendment：A Preliminary Exploration of Constitutional Salience", Harvard Law Review 117：1765(2004)。当然，在某些情况下，范围可能会预先受保护。想象一下，海滩上一个奇怪的波浪不是一首波浪诗，而是在沙滩上留下了一个纳粹党所用的十字记号。再想象一下，市政府仔细检查了纳粹党所用的十字记号，担心会冒犯居民。如果，并且只有当沙子的万字记号包括了言论时，《第一修正案》禁止政府基于其明显的信息对其进行审查。

12. Daniel Victor, "Microsoft Created a Twitter Bot to Learn from Users；It Quickly Became a Racist Jerk", New York Times, 24 March 2016.

审查时代

75

简 · 巴伯尔(Jane Bambauer) *

　　《第一修正案》应保护与人类效用有关的所有形式的交流方式，这正是《机器人的话语权》的核心观点。其必然的结果是，在机器人出现的地方，宪法的范围不应该依赖于直接参与意义建构过程的人；只要有人受益，机器交流也就应该被纳入宪法的保护范围。

　　这种断言很激进，但同样也很简单：说它激进，是因为它认为对于受保护的交流方式，人类可能是不必要的；说它简单则是因为完全可以通过现有的关于言论自由的理论推理出这一观点，无需其他形式的推论。读者可能会感觉到时而震惊彷徨，时而又做好接受这种想法的准备，面对如此强大的想法，这种感觉是正常的，其引力将改变言论自由，即使对那些还没有准备好要全盘接受所有条款的人，也不例外。《机器人的话语权》就是一种智力上的刺激。

---

　　* 简 · 巴伯尔是亚利桑那大学詹姆斯 · E.罗杰斯法学院的法学教授。她的研究评估了大数据的社会成本和效益，并质疑许多本意良好的隐私法是否明智。她的文章发表在《斯坦福法律评论》、《密歇根法律评论》、《加州法律评论》和《实证法律研究杂志》上。巴伯尔教授的数据驱动研究探索了偏见判断、法律教育和法律职业。她拥有耶鲁大学数学学士学位和耶鲁大学法学院法学博士学位。

　　假如作者为机器人广泛的言论自由保护提供了有力而令人信服的辩护，即使它们只是机器人之间的互相交谈，大多数评论还是会倾向于希望它们注意克制的一面。柯林斯和斯科弗并未给言论自由的极端主义者留下太多抱怨的空间。然而，在我看来，作者的某些观点还是低估了机器人自由表达的潜力和重要性：即学习、观察世界、并从所见中抽象出假设或结论。可以肯定的是，《机器人的话语权》确实在学习，并在人类和潜在的机器中得到发展。但是，历史和法律分析关注的重点是发生在发送者和接收者(无论是否人类)之间的交流，因此，虽然《机器人的话语权》预计机器人可以发展"人类的声音和视觉"，但这种分析却更多地关注声音而非视觉。

　　举个例子，试想一下第一部分介绍的关于言论技术的历史。最初，只有含混不清的咕哝声和口头交流，但随着交流的不断创新，出现了写作和绘画的基本工具，随后是机械工具，如文字和照片，到最后有了互联网和虚拟现实这样的数字工具。正是这些技术的出现，使得交流不再受时间和空间的限制，现在又创造出了新媒体。它们很好地证明了这一点：在技术冲击时期，言论技术受到法律和标准的严重抵制，但这些法律和标准只能暂时阻止新的、有用的发明。

　　但是柯林斯和斯科弗讨论的所有历史上的进步都围绕着这个众所周知的说话者。可以肯定的是，这些进步对听众的影响与最初的作者一样大，甚至更大。与读者反映批评一致的是，对世界的最终价值可能更多地取决于人们如何接受交流，而不是说话者的动机。但他们仍然优先考虑诸如对话之类的信息传递，无论对话双方时空如何分离。然而，很多极其重要的事情的发生都源于以独白的形式进行的学习和思考。无论是接受柯林斯和斯科弗的言论自由效用理论，还是选择其他包括思想自由、内心独白的理论(以及增强或取代它们的技术)，都应该受到宪法的保护，即便这种想法永远不可能符合逻辑推理。

　　当我们把柯林斯和斯科弗的分析应用于思考者技术而不是对话技术时，会发生什么呢？ 如果这些工具允许个人或机器探索世界，以开发

76

新的想法或理论，又会发生什么呢？ 思考者创新的历史和法律似乎与交流创新的历史和法律截然不同，在主流的《第一修正案》理论下，思考者创新看起来更脆弱。

让我们从历史开始，了解思想技术的历史可以更清楚地知道过去和将来的利害关系。

如果说最初的交流工具是说话，最初的思维工具是五官感觉，那么在五官中，视觉和听觉则是最重要的，因为它们最敏感。它们可以捕捉到更多更为多样化的信息，从而刺激好奇心和图案识别功能。而倾听对于通过口头传播从别处获取的信息则尤为有用。比起通过个人观察和感知世界，交流更容易改善一个人的个人想法。

思考者的下一个重大的创新飞跃可能是其读写能力，当然，读写能力是伴随着写作而产生的。读写能力增强了个人通过交流从他人处获取知识的能力，但是我们不应忘记，其他学习工具虽然方法并不那么戏剧化，但是却促进了思维的发展，早期人们用来探索环境的基本工具帮助他们直接从世界上获取信息，而不是从彼此间获取。后来，出现了更复杂的学习工具，如望远镜、量角器、温度计，这些工具的出现使得更复杂的探索成为可能。正是这些工具，使得人类能够通过收集证据和进行实验来理解这个世界。

即便如此，在20世纪之前，我们也很难否认人类交流对学习发展 77 的影响是非常大的。通过写作和读写来分享知识，比任何思考工具的集合都更有助于提高人类所有思想的复杂性，无论是真实的、精神的、哲学的还是美学的。但是计算机改变了这一点，计算机对思维的促进甚至超出了其对交流的促进。尽管它们允许人与机器之间进行快速的信息传输，标志着通信领域的一次重大飞跃，但是计算机带来的最关键的改进在于其自身可以完成很多事情。它们可以以超人类的速度完成一些常规思维的工作，如记录、搜索、过滤和信息处理。一台机器可以挖掘更多模型，发现很多非直观的见解，这比训练有素的科学家只能通过自身的经验处理的问题还要多。它们不仅能够快速记录观察世界所得的数据，还能组织数据、进行模拟和多元回归分析，甚至可以进行受控实验。[1]计算机极大地扩展了我们进入史蒂文·平克(Steven Pinker)所描述的隐秘新世界的途径，如非付出特别的努力，我们未经训练的直觉就会错过这个世界。[2]人工智能和学习算法将为我们挖掘更多的隐藏世界。[3]

考虑到计算机出现以前的大多数思想创新都是以人类之间共享思想的形式出现的，所以从历史的角度来看，对学习的有组织的抵制主要来自审查(即对交流的限制)也就不足为奇了。当然，也有一些例外，在美国，南北战争前，南方各州通过的《奴隶法》中的反扫盲条款规定，教授非洲裔美国人(包括奴隶和自由人)读书是要被处罚的，这是对学习能力最直接的攻击。[4]但是大多数法律约束是针对交流的内容和技术的，因为这样就能有效地限制新的危险思想的衍生。

相比之下，在计算机时代，法律常常做的是通过技术手段切断人们的思想。我们接受各种不间断的审查，学习工具成为被监管的重点。许多隐私法规都包含了"数据最小化"的要求，迫使计算机用户删除不必要的数据，或者从一开始就避免记录这些数据。[5]当然也存在特殊情况，比如智能或许并不能治疗病患，也不能驾驶汽车。人们普遍反对创建给人打分或者排序的算法，或许凯瑟琳·奥尼尔(Catherine O'Neil)的著作《数学杀伤性武器》(Weapons of Math Destruction)是最好的代表。[6]反对机械式思考的观点与苏格拉底反对写作的观点如出一辙，同样认为新工具只是知识的伪装，对它们的过度依赖将不利于人类的判断。[7]我怀疑，随着机器思维开始侵蚀其他职业和传统，未来将出现更多针对机器思维的法律。

机器思考者并不一定是沟通交流的主体，它们也不一定会把知识传递给某个人或某台机器。社会效用很少考虑依赖于使用决策算法或者自助驾驶的人是否了解其操作。那么，柯林斯和斯科弗呼吁承认《第一修正案》对有用的机器人交流的保护，这一呼吁是否也适用于有用的机器人思想呢?

柯林斯和斯科弗很可能已经回答了"是"，我在本文中描述的学习创新也可能就是柯林斯和斯科弗对"交流"的定义。即使两个人之间无意识的思想传递，书中也经常提到意义的创造。打个比方，一个人在经海浪冲刷的海滩上发现了某种图案，依柯林斯和斯科弗的观点，就有可能属于具有重大意义的演讲经历的人，而其实他只是进行了一段内心独白。再比如机器人交易员使用人工智能作出投资决策，并在不向人类受益人提供建议的情况下实施其决策，这其中也涉及了机器思考，但并没有我们通常谈及交流时出现的那种信息的传递。但是，如果把思想(人类思想和机器思想)纳入交流的定义中，那么对言论自由主义理论的描述就比柯林斯和斯科弗的理论更模糊，且更不乐观。

言论自由顶多是为思想自由和自由探索提供了前后矛盾的支持。

考虑到最高法院经常将思想自由认定为保护言论自由的主要原因，这一点很难让人信服。在斯坦利诉乔治亚(Stanley v.Georgia)案中，宪法赋予自由思想权利以最高标准，法院推翻了对私人拥有淫秽物品的定罪，尽管事实上淫秽材料确实属于违禁品，无需经过《第一修正案》的任何审查。法院承认对个人享有淫秽物品的保护，因为当法治试图控制一个人的思想时，它超越了其界限。"无论国家有什么权利控制有违公共道德的思想的公开传播"，就像这宗淫秽物品的案件一样，"它都不能依宪法以立法为前提，规定控制个人思想的行为是可取的"。[8]

尽管如此，《第一修正案》的理论对言论自由的思考者模式似乎并不支持，思想自由受到两项主要的、完全实用的言论自由的限制。

首先，正如作者指出的那样，法律中到处都是以行为人的思想作为刑事和民事处罚所考虑的必要条件。如果我感冒了，对着排在我前面的人呼吸，我的行为可能不会被起诉；但是当我们外出生活在一个"拥挤的世界中时"，传播普通感冒的机会是我们所承担的背景风险的一部分。[9]然而，如果我对着站在我面前的人呼吸，我希望且我这样做的目的就是让他生病，我的这种故意伤害的意图就可能为其他不可行的行为提供动力。纵观法律，精神状态就是用来创造或增强法律责任的。斯坦利错了，因为国家总是不断以控制不良的反社会思想为其立法前提。

79

《第一修正案》总是对无处不在的精神状态的要求故意保持一种视而不见的态度，因为如果专门为了避免这些要求而修改法律将更加痛苦。多数情况下，在缩小责任范围或严惩可能导致伤害(因为案件实施者意图如此)的案件中，对精神状态这一因素的考虑是非常重要的，此外，在实施者明知其行为可能会对他人造成不利影响的这类案件中，精神状态因素也尤为重要。

但是，言论自由理论并不应该像现在这样适应心理因素。并非所有的意图要素都有能力将法律惩罚限定在最坏的情况下，而且，还有一些法律给自由思想者带来了不适当的法律风险。比如，很多州规定雇员有忠诚的义务，须以真诚的意愿履行其工作，且应当为雇主的利益服务。这些法律可能会约束调查性新闻报道，因为不论雇员的工作任务实际执行得有多好，怀着不忠的意图来了解雇主的不当行为，都可能被视为支持侵权责任。[10]同样，联邦法规要求大学建立机构审查委员会(IRBs)，并以精神状态为考量预先审核所有人类课题的研究。只有当一个人的所作所为是为了创造可以概括的知识时，法律才适用于机构审查委员会的繁杂的要求，这种情况下，无论研究人员的干预行为多么无伤大雅，只要是出于创造知识的目的，即便是从事完全合法的行为，也可能变成非法的。[11]

在这类例子中，意图要求并不能用来区分这些行为的风险等级，相反，精神状态却是政府一直要控制的行为。区分非基于思想的功利主义理由的精神状态要求肯定是困难的，但是对思想自由的承诺应该迫使法院开始这样做。这将要求法院在不进行重要的《第一修正案》审查的情况下(尽管基于仇恨的行为所带来的高风险和额外伤害可以证明达到同样的结果)，重新审查那些因仇恨犯罪(带有仇恨思想的犯罪)被判以重刑的案件。[12]

宪法保护自由思想的第二个障碍是既定规则，也就是说，即便普遍适用的法律的执行有可能对表达行为产生影响，国家依然不得不执行这些法律。比如速度限制规则，即便可能会导致记者因此而错过重要的新闻线索，或者导致消费者因此错过一场电影，也必须强制执行。再比如，即便有关古巴的新闻和研究受到了阻碍，限制美国人进入古巴的旅行限令也必须实施。[13]这对学习是非常重要的。普遍适用的法律可能会干扰探索，即便探索者采取了特别的预防措施，以确保不会发生违法的危害性行为。例如，它会干扰试图侵入计算机系统的安全研究人员，而这些人员的黑客行为并非为了盗取信息或切断服务，只是单纯地为了证明此种行为的可行性。

80

一般而言，人们认为普遍适用的法律必然不会引发言论自由问题，由于每一次违法行为都可以被包装成一种表达行为(比如"我通过抢劫银行来展现我对金钱的热爱")，《第一修正案》的连贯性取决于对言论和非言论行为的区分。而只要一项法律法规的设计和实施是针对后者的，则《第一修正案》的审查就不适用。这就是为什么柯林斯和斯科弗欣然承认，"任何非法行为的交流层面……可以在不受宪法限制的情况下加以管制或禁止"。然而，柯林斯和斯科弗至少还在考虑打破这一言论自由法律的基本规则，他们不仅接纳人工智能或计算机言论，而且还拥抱机器人言论。相比计算机，机器人的独特之处在于其可能产生物理效应，因此作者有意让关于言论自由的讨论超越纯粹交流的界限。他们信奉"言论根植于行动"的理念，因此，他们模糊了传统意义上将言论与政府允许监管的其他内容区分开来的界限。

这当然是令人兴奋的，但是我希望我能在这里提供一些它所需要的微调。首先，让我多谈及一些为什么《机器人的话语权》暗中违反了言论自由的常规规则。如果作者将重点放在为人类提供信息、指导或建议的人工智能上，那么项目就可以仅仅只立足于现有的理论。例如，当IBM的沃森向医生或病人提供医疗建议时，柯林斯和斯科弗描述的保护听众接受意见的权利的言论自由案例很容易就包括了这一领域。[14]但是《机器人的话语权》的主题超出了人工智能。柯林斯和斯科弗准备延伸宪法保护，即使信息是由机器人控制的，甚至不用考虑这些信息是否曾经与真人(或其他机器)共享过。拿机器人交易员打个比方，它们收集信息、分析信息并执行交易，却不用向其受益人说明理由。自动驾驶汽车也是一样，它们能感知世界，或许也能理解世界，甚至可以彼此交谈，但人类却永远无法参与其中。在柯林斯和斯科弗的效用模式下，这些机器人可以获得《第一修正案》的保护，这意味着什么？即便是自动驾驶汽车，也不会因为其思想或交流而被禁止，但绝大多数的《第一修正案》的专家肯定会同意因驾驶而禁止它。

柯林斯和斯科弗挑战了传统观念，他们认为，即使是那些不能将所有内置语言传输给人类的机器人，也可以包括在宪法《第一修正案》中，因为"交流是概念融合的重要部分"。我已准备好同意他们的观点，并提出以下几点说明：首先，目前还不清楚为什么交流总是机器人概念融合的重要部分，为理解这一点，试想一下洗衣机。时至今日，大多数洗衣机都是由一套简单的电脑程序来控制其操作的，洗衣机的用处也非常大。事实上，洗衣机对我的生活和对所有职业女性的生活的重要性怎么说都不为过，因为它把家庭从以前需要全职服务人员的家务劳动中解放出来了。[15]因此，洗衣机应该符合柯林斯和斯科弗的《第一修正案》保护测试。它们有交流且非常实用。但是问题在于，洗衣机的普遍使用比其处理器早了几十年。为什么加入一套简单的电脑程序就能赋予一件原本普通的产品获得《第一修正案》的保护呢？或者反过来说，为什么旧式的洗衣机就不能受《第一修正案》的效用理论保护呢？旧式洗衣机利用齿轮和电力将许多聪明的想法付诸实践(但是没有交流)。

解决这一难题的方法在于认识到无论是机器独白还是交流，其对人类的效用并不一定非常重要，但当它们对人类有用时，这些过程在本质上却是非常重要的。这种温和的解释考虑到了机器人言论自由的利益，这种解释有助于言论自由法进行一些合理的防御性扩展。这些扩展挑战了传统的言论和行为的划分，但没有消除两者之前的界限，而且，进一步将言论自由理论置于一种荒谬的危机中。

防御性扩展(1)：任何没有机器智能辅助的合法行为，在加入机器智能后也应该是合法的。

如果国家谴责对原本合法的行为加入计算机或人工智能辅助，这种区别对待就充分说明，交流或机器思维对机器的价值至关重要。尽管该法律与行为限制表面看来非常相似，但究其本身，法律责任并不是取决于行动，而是取决于信息处理。因此，法院在审理此类案件时，应该能够认识这些限制是什么，如果是言论限制，应要求国家在适当的审查标准下为法律辩护。

政府在将来肯定会试图制定这样的规则，虽然这似乎有些牵强附会，但事实上，已经有这样的案例存在了。亚当·科尔伯(Adam Kolber)指出，在内华达州和其他几个赌博合法化的州中，其"反装置"法令存在言论自由问题。虽然在赌场玩 21 点是合法的，但是在赌场借助点卡APP(应用软件)玩 21 点就不合法了。[16]限制机器人交易员的法律可能采取同样的形式，只要机器人交易员进行的是合法投资，那么针对机器人交易员的所有限制都必须是针对机器人而不是针对交易员。拿自动驾驶汽车来说，如果限制机器的部分或全部驾驶决定与安全无关，那么自动驾驶汽车就可以获得《第一修正案》的保护。

最高法院的判例法并没有走到这一步，法院甚至放弃了几次这样做的机会，关于这点可以参考正文中描述的索雷尔诉 IMS 保健公司的案件。该案涉及佛蒙特州的一项法规，即限制制药行业利用处方数据为每位医生定制营销信息。法院本可以通过肯尼迪法官按照我所提议的规则来裁决该案，它可以说，任何没有机器智能辅助(分析处方数据)的合法行为(营销)也必须是合法的，除非这项限制符合一些重要的国家利益。

这种对案件的重新表述有点奇怪，因为它把一个事实抛在了旁边，在该案中争议的法律行为是言论。但是佛蒙特州并没有禁止该制药公司发表商业言论，只是禁止了它们在借助数据分析的情况下发表商业言论。肯尼迪法官的意见似乎是在强调处方数据及其分析的重要性，而不管制药公司是在利用这些数据营销药物，或者做别的事情。"因此，有一个强有力的论点，即遵照《第一修正案》，根据处方识别得出的信息是一种言论。"[17]但是，在紧接着的下一句话中，肯尼迪法官选择了另

82

一个角度，即关注了这样一个事实，也就是在本案中，由于信息获取受限而受到阻碍的活动恰好是言论。最后，此案只是强化了一个不那么新颖的观点，即任何形式的资源都不能以观点决定是否将其提供给不同的发言者。

IMS 保健公司的案件符合一种更常规的趋势，即在处理有关《第一修正案》的案件时，法院强调传统的发言者—倾听者角色而不是建立一种以思考者为本的模式。有些不情愿可能是想要保留精神状态元素。毕竟，我在这里所提出的规则的一项推论很可能是"所有没有坏思想或堕落的心的合法行为也应该是合法的"。无论是故意回避，还是善意的忽视，对于我们这些将自由思想视为言论自由的终极美德的人来说，《第一修正案》的理论仍然是不完整的。

防御性扩展(2)：法院应警惕那些可能有意或无意对学习和交流造成不适当的干扰的行为规则。

这种对言论和行为之间的区分的大胆挑战，将使法院在处理对言论者和思考者的处罚比较严重的案件时，能够阻止法院履行普遍适用的法律。这一扩展将破坏一项清晰的规则，即对行为的限制可以在不受《第一修正案》保护的情况下对言论产生间接影响，但最高法院已经在著名的征兵卡案件中开了先例，即美国和奥布莱恩(United States v. O'Brien)的案件。[18]这起案件涉及宪法对禁止销毁征兵卡(行为)的挑战，当时奥布莱恩在法院台阶上象征性地焚烧他的征兵卡，已经触犯了法律，一旦法院确定所涉及的条例属于普遍适用的行为规范，该案件就会很容易处理。但事实并非如此，由于奥布莱恩的这种示威行为既有行动也有言论，法院选择以情节较轻的言论自由方面的原因来审查，从而确保法律增进了与言论自由无关的政府利益，这样的履行法律的行为将给言论表达带来"不超过必要程度的负担"。[19]

法院并未对"不超过必要程度"作出解释，但当新兴的思考者技术与旧的法律法规发生冲突时，奥布莱恩测试的这一部分可能变得至关重要。比如，自动驾驶汽车和无人机的测试和使用将与驾驶和飞行方面的

83

规则发生冲突，而这些冲突并不一定都是出于公共安全的利益。

这些提议可能远远超出柯林斯和斯科弗所考虑的《第一修正案》的保护范围。从某种程度上说，这些想法可能有些疯狂，但这只能怪我一个人，但是，他们的确应该赋予《第一修正案》的范围更多的定义，而不是仅仅从《机器人的话语权》一书中得出几条主要内容，其实，任何带有处理器的物品都应该纳入《第一修正案》的保护范围，而不应该考虑它们是何种监管形式。

最后，对《机器人的话语权》的重要性，我提出自己两点浅薄的观察结果。

第一，有时读者可能会产生这样一种印象，即言论自由的效用模式更多的是在关于该学说如何运作的理论下描述，而没有规范性建议。作者提出的通信技术的发展历史表明，当人们体验到创新带来的巨大好处时，来自规范和法律的阻力就会变得无能为力，最终会屈服于实践。柯林斯和斯科弗认为，效用解释了为什么交流需要受到《第一修正案》的保护，但也有另一种观点认为，效用恰恰说明为什么这些不可抑制的技术不需要它。

事实上，是需要的，对于那些已经有机会绕过现有的规范和法律并向用户展示其实用性的技术来说，确实不需要保护，但是法律很容易在新的交流和学习技术达到文化饱和的临界值之前阻止它们。举个例子，色情文学早在它横行互联网之前就已经很有效用了。其他一些新兴概念，如机器人律师和人力资源顾问，可能会被令人窒息的隐私法和专业法规束缚，而公众对它们的用途却一无所知。在每一部完善的法律背后，都可能有某处墓碑上刻着某个尚处于萌芽状态的言论技术的名字。[20]为保持潜力，言论自由理论是必需的。

第二，我很高兴，《机器人的话语权》扩展了我在 IS 数据言论方面的工作，并且超越了真实信息的轮廓。《第一修正案》要求更广泛的范围，对此，我欢迎作者的改进。[21]然而我不得不指出来，在这个特别的言论自由项目中，最大胆的部分，也就是关于机器人交流也应当受到保

84　护的言论，很有可能是基于事实的信息；比如分析股票交易或传感器信号或语言模式等。莎士比亚和毕加索推动知识分子把言论自由的重要性写得诗情画意，而我对言论自由的激情则是受到诸如兰尼·布鲁斯(Lenny Bruce)和玛丽·贝思·廷克(Mary Beth Tinker)这样的《第一修正案》英雄们的激发。但说起效用，改善人类状况赢得大部分荣誉的则是无数的无聊琐事。

注释

1. 计算机如何复制人类的基本思维，参见 Brian Christian and Tom Griffiths, Algorithms to Live By(New York：Henry Holt and Co.，2016). For a discussion of automated experiments, see Seth Stephens-Davidowitz, Everybody Lies(New York：Harper Collins, 2017), pp.205—221。

2. See Steven Pinker, The Blank Slate(New York：Penguin, 2002), p.219.

3. See Pedro Domingos, The Master Algorithm(New York：Basic Books, 2015).

4. See A.J.Angulo, Miseducation：A History of Ignorance-Making in America and Abroad(Baltimore：Johns Hopkins University Press, 2016).

5. 基于数据最小化原则的法律概述，参见 Marc Rotenberg, "Fair Information Practices and the Architecture of Privacy(What Larry Doesn't Get)", Stanford Technology Law Journal 1—34(2001)。

6. Catherine O'Neil, Weapons of Math Destruction(New York：Crown Publishing, 2016).

7. See, e.g., Laurence H.Tribe, "Trial by Mathematics：Precision and Ritual in the Legal Process", Harvard Law Review 84：1329—1393(1971)；Eli Pariser, The Filter Bubble：How the New Personalized Web Is Changing What We Read and How We Think(New York：Penguin Press, 2011).

8. Stanley v.Georgia, 394 U.S. 557, 566(1969).

9. Oliver Wendell Holmes, The Common Law(Boston, MA：Little, Brown, 1881), p.108.

10. Food Lion, Inc. v.Capital Cities/ABC, Inc., 194 F.3d 505(4th Cir. 1999).

11. Protection of Human Subjects, 46 CFR § §46.101 et seq.

12. Wisconsin v.Mitchell, 508 U.S. 476, 487—488(1993)(研究发现，偏见增强是一种允许的内容中立的行为监管，但奇怪的是，人们也注意到，出于仇恨动机的犯罪被认为会对个人和社会造成更大的伤害——根据宪法《第一修正案》的审查，这一理由可能支持达到同样的结果)。See also Tison v.Arizona, 481 U.S. 137, 156(1987)("在我们的法律传统中根深蒂固的观念是，犯罪行为越有目的性，犯罪就越严重，因此应该受到越严厉的惩罚")。

13. Zemel v.Rusk, 381 U.S. 1(1965).

14. 同时，虽然我认为很明显，法院赞同受到《第一修正案》的保护，但此时美国食品药品监督管理局还没有接受该主张。U. S. Food & Drug Administration, Mobile Medical Applications Guidance for Industry and Food and Drug Administration Staff(2013).

15. See Daniele Coen-Pirani et al., "The Effect of Household Appliances on Female Labor Force Participation: Evidence from Microdata", Labour Economics 17: 503—513(2010).

16. See Adam Kolber, "Criminalizing Cognitive Enhancement at the Blackjack Table", in Lynn Nadel and Walter P.Sinnott-Armstrong, editors, Memory and Law (New York: Oxford University Press, 2012).

17. Sorrell v.IMS Health Inc., 131 S.Ct. 2653, 2667(2011).

18. United States v.O'Brien, 391 U.S. 367, 376—377(1968).

19. Ibid.

20. I am reformulating Collins and Skover's text here.

21. 在接下来的工作中，我使用了一个"information"的定义，这个定义与柯林斯和斯科弗对 communication 的定义非常相似(尽管这部后来的著作对言论自由理论提出了完全不同的观点)，Jane Bambauer and Derek Bambauer, "Information Libertarianism", California Law Review 105: 335—393(2017)。

85

言论输入、言论输出

詹姆斯·格林梅尔曼(James Grimmelmann) *

　　曾有两次我被问及这样的问题:"请问,巴贝奇先生,如果你把错误的数据输入机器,会出来正确的答案吗?"瞧瞧,这是怎样的一种混乱思维才能提出的问题,我简直无法理解。

——查尔斯·巴贝奇(Charles Babbage)[1]

一

　　罗纳德·柯林斯和大卫·斯科弗提出这样一个问题:"《第一修正

---

　　* 詹姆斯·格林梅尔曼是康奈尔理工大学和康奈尔法学院的教授。他的研究集中在管理软件的法律如何影响自由、财富和权力方面的问题。他帮助律师和技术人员相互了解,并撰写有关数字版权、搜索引擎、社交网络隐私、在线治理以及其他有关计算机和互联网法律的文章。他独立或与他人合作著有多部书籍和文章,包括《互联网法:案例与问题》(第 7 版, 2017)、两本案例书、多份法院简报、40 多篇学术文章,以及其他许多专栏和文章。

　　感谢他们对阿利林·布莱克(Alislinn Black)和丽贝卡·图什因(Rebecca Tushnet)的评论。本文可在知识共享署名许可 4.0 国际许可条款约束下自由重复地使用,链接地址creativecommons.org/licenses/by/4.0。

案》关于传统言论形式的范围是否应该扩展到由机器人处理和传输的数据？为什么？"他们的答案是肯定的，因为"真正重要的是，接收者体验到的机器人言论是有意义的、有潜在用途的，或者说是有价值的"。由此，他们得出结论，认为"促进某些合法目标的效用"将成为新的《第一修正案》标准。

就目前的状况而言，答案是正确的，但问题是错误的，因为柯林斯和斯科弗对问题的进展状况没有正确的了解。其实只需要反思几秒钟就能明白，有时候机器人传输的是言论，有时却不是，因此，正确的问题不是"是否以及为什么？"，正确的问题应该是"何时？"。"如果机器人言论有用就会被包括"这样的观点听起来像是关于机器人和效用之间的陈述，但事实上，这是关于机器人和言论的陈述，因为在那个句子中，所有的事情都是由那个词完成的。

二

在我房间有一个机器人，他有一个壁挂式控制面板，如果我用一种方式操作控制装置，机器人就会启动并开始发出精确指定的电磁辐射信号。如果我用其他方式操作控制装置，机器人就会启动关机程序并切断辐射信号。

86

我的灯泡机器人会"说话"吗？很显然，答案是否定的。机器人的输出是功能性的，不是表达性的。柔和的白光没有任何表达的意图，也传达不了任何信息。

但是，这个答案却是错误的，因为特定光源是具有表达性的。挂在旧北教堂钟楼上的那两个灯笼传达了英国人将从海上来这样的讯息。海军信号灯通过摩尔斯电码的开关来传达可执行的命令。我也可以很容易地用我的灯泡机器人做同样的事情，柯林斯和斯科弗可能会说，我的交流意图是"委托"给灯泡了。

这样一来，人们又会说，灯泡的辐射信号属于言论范围了，但是这又不对，因为这样一来，被排除掉的范围又太广了。国会已经有效地禁止了生产低效的白炽灯机器人，像我这样的大多数消费者被迫改用紧凑型荧光灯(CFL)或发光二极管(LED)机器人。关于这一禁令的明智性和实施时机，过去和现在都存在着严重的政策争论。但是据我所知，从未有人认真地提出过这样一种观点：这相当于对"言论"的限制，需要根据《第一修正案》来判断，就像限制图书销售或蓝光播放器那样。有时候，一只灯泡就只是一只灯泡。

有些灯泡被用来产生言论，而其他灯泡则不产生言论。这并不是这项技术的固有特性，一个 LED 灯可能是一个输出言论的数字广告牌的一部分，而另一个物理上与之类似的 LED 灯可能只是一个不发出任何言论的手电筒的光源而已。但是，数字广告牌也可能调到最大亮度来照亮一个停车场，而小手电筒却可能被孩子们用来闪出"爸妈睡着了，我们溜下楼吧"这样的代码。

根据物理示例来区分说话机器和执行机器是不大可能的，其软硬件都是可以互换的。基本上，任何一台计算机都可以用棍子和绳子或水坝和轮子来实现其运转，丹尼·希利斯(Danny Hillis)和布莱恩·西尔弗曼(Brian Silverman)就曾用拼装玩具制作了一台可以工作的电脑，并且还可以用来玩非常完美的井字棋游戏。[2]

复杂性也不是分界线，一辆典型的现代汽车很可能就有一亿行源代码。[3]其中一些用于运行车载娱乐系统，但绝大多数都用于运行无聊的汽车功能，比如校准发动机中的燃料——空气混合物。难道大众公司应该辩称其臭名昭著的排放测试失败装置是受保护的言论吗？

或许你会说我太傻了。我们知道，当一辆大众汽车的发动机检测到车子正行驶在开阔的道路上时，它可能会关闭一些排放控制功能。这并不是真正意义上的"说话"，但是问问你自己，我们怎么知道？

三

在某些情况下，很容易判断机器人是否在发出言论，因为如果其幕后有人，很容易识别。如果我用摩尔斯电码闪烁我的灯泡机器人，那么用斯宾塞诉华盛顿案(Spence v.Washington)中的话说，我有一个"传达特定信号的意图"。[4]不需要特殊的技术来将言论归因为灯泡，不论我采用什么媒介，言论都是我的言论。

87

有时候，需要一点时间才能接受一种新的可以传递消息的交流媒介，但这总是发生在最后。有一个短暂的困惑时刻，人们认为这种新的交流媒介没有言论。接下来有一个更短暂的时刻，人们认为新媒体本身就是言论。然后，理智回归，我们像对待任何其他媒介一样对待这个交流媒介：它本身不是决定性的，而是与理解它所传达的信息的内容和上下文有关。书籍可以是言论，游行也可以是言论，电影可以是言论，电子游戏也可以是言论，灯泡可以是言论，机器人也可以是言论，不这么想，就等于在概念上进了一个乌龙球。

事实上，这种用法也不准确。一本装订成册的手抄本上有墨迹，形状像拉丁字母，被排列成英语单词和句子，如果它被用作制门器或近身格斗的武器，则它就不是"言论"。而只有当它"传递了某种特定信息"，被用作交流的媒介时，它才是"言论"。[5]

这里有一个反复出现但必要的困难：我们怎样辨别在什么时候书籍或者灯泡被用作交流媒介，什么时候不被用作交流媒介？这正是斯宾塞试验所做的工作：它将我们的注意力从媒介转移到信息上。在得克萨斯州诉约翰逊案(Texas v.Johnson)中，媒体是一面着火的旗帜。[6]而在科恩诉加利福尼亚州案(Cohen v.California)中，媒体则是一件夹克衫。[7]而这两种情况都不能说明"旗帜言论"和"夹克言论"是《第一修正案》的一个显著类别。事实上，有些斯宾塞测试案例根本不涉及任何人工媒介，甚至不涉及一面旗帜或一件夹克，在伊利诉帕普案(Erie v.Pap's A.M)中，[8]多数法院认为裸体舞蹈是一种"表达行为"，暗指《第一修正案》。有交流意图的裸体与没有交流意图的裸体是不同的，这和为了交流拔掉电灯开关或编写电脑程序与在没有交流意图下做这些差不多。

四

多数情况下，这种说话者意图的方法适用于简单的情况，在这种情况下，对于谁是说话者(如果有的话)是没有歧义的。我通过闪烁灯泡进行交流的意图与由此产生的闪烁之间的对应关系如此贴近，以至于毫无疑问，这些闪烁就是我的言论，所以它就是言论。

但是，也有更困难的情况。如果我给电脑编写程序，让它重复发出同样的信息——垃圾邮件，会怎么样？如果我给电脑编写程序，让它发出相关但不同的信息——邮件合并，会怎么样？如果我把电脑设定为发出随机(不论这意味着什么)变动呢，会怎么样？或者如果你和我一起编程，或者我们一百个人一起贡献代码，会怎么样？如果你使用我写的程序，或者我的程序是从它与数百万用户的交互中或者从分析数百万的现有文本中学到的，会怎么样？如果……会怎么样？

我们列举的这种种情况，有的答案很简单，有的则没那么简单。就当前的目的而言，它们的共同点是，说话者的意图方法有可能被打破，因为将一个信息与一个独特的人类作者的意图联系起来不再那么容易了。正是这种辐射的复杂性使得"机器人言论"这一类别在表面上颇具吸引力，如果我们能把程序当成说话者来宣布它是所有的言论的话，我们就能解决这棘手的问题，并按时回家喝下午茶。

在版权方面，我认为这种"解决方案"是不切实际的。[9]为计算机生成的作品指定作者这一问题一再困扰我们，让我们不得不认为应该将它们视为是计算机创作。但这完全行不通，因为除非而且直到计算机能够像一般人一样被对待，否则称它们为"作者"根本不能解决问题的复杂性，只是给出了一个完全武断的错误答案。出于版权的目的，使用微软文字处理软件编辑的小说和用户通过点击播放的动画是截然不同的，微软用户是前者的作者，而程序员是后者的作者，在这两种情况下，程序都不是作者。

但是当涉及"言论"时，情况并没有那么糟，因为《第一修正案》并没有对版权的约束。版权法的私权结构要求为每件作品确定一个版权所有者，而作者身份的确定(及其衍生品如为出租和转让所有权而创作的作品)是这样做的唯一原则方法。而言论自由法则不同：在不指明说话人的情况下说某些东西作为言论是受到保护的，而且这样做也是完全合理的。

柯林斯和斯科弗通过引用文学评论中读者的反应和相关理论达到了这一点，这些理论强调的是听者对文本的体验，而不是作者的意图。这在《第一修正案》中并不是前所未有的：在很多情况下，听众在相同的材料上比说话者拥有更大的权利(以斯坦利与乔治亚的针对在家中拥有淫秽物品的保护一案为例[10])，或者在说话者不在法庭上或者不能被辨认的情况下拥有发言权[以拉蒙特诉美国邮政局长对外国共产主义宣传的美国接收者的保护案(Lamont v.Postmaster General)为例[11]]。

柯林斯和斯科弗称这种情况为"无意图言论自由"(或者"IFS")，它在机器人辅助的人类说话者能够被识别的简单情况下和人类说话者失踪的较难情况下都表现良好。当然，灯光也可以是言论，保罗·里维尔(Paul Revere's)的骑手们知道灯笼意味着什么；当然，机器人说的话也可以是言论，人们通常认为 Siri 发出的声波充满了意义。这是一个有趣的室内游戏，试图将言论归功于苹果公司、它的员工、数据源、用户，以及其他对培训数据作出回应的用户。但是，人类用户对 Siri 语音作为有意义的言论的体验并不取决于谁(如果有的话)对这些语音负责。这应该足以引起《第一修正案》的兴趣，即使我们不确定这是谁的立场，但是不管怎么样，机器人会说话了。

89

当然，人们可以争论说话者或者听者，谁的经历在这里更重要，或者两者是否都重要，如果是，如何重要。我认为柯林斯和斯科弗声称听者的经历足以在法律上、道德上和政治上引起可认识的言论兴趣这种观点是正确的(我要补充的是，没有什么要求我们把听者的言论经历本身视为与听者和说话者的经历一起提供保护的情况，但那是另外一回事了)。当一只灯泡在一个先前黑暗的房间里打开时，在场的所有人中，没有人会将它视为一种言论。当一只灯泡以摩尔斯电码闪烁时，房间里的人更有可能将其识别为言论，即使他们不知道是谁让它以这种方式闪烁。

我们对灯泡机器人有直觉，因为我们的言论自由直觉通常是由我们作为回应交流的观众的丰富经验构成的。想想布兰德诉罗伯茨(Bland v. Roberts)的案子，地方法院认为像 Facebook 这样的网站不属于受保护的言论，因为没有"实质性声明"，只是"点击一下按钮"。[12] 但是第四巡回法庭在上诉时纠正了这一错误，写道"在一次政治竞选的 Facebook 页面中，用户在其页面对点赞的候选人的认可是明确无误的"。[13] 这意味着什么？从 Facebook 用户的社区中，他们会看到喜欢的人，并推断出喜欢的人的支持。这是一个关于技术实践的社会意义的声明。读者的反应是为了让类似布兰德这样的案子能够被合理处理。

五

但我们仍然没有穷尽机器人"言论"的类型，除了具有明显的人类说话者的情况和具有明显的人类听者的情况以外，还存在不容易识别人类说话者和人类听者的情况。柯林斯和斯科弗给出了一个关于"机器人交易员"的扩展案例，该机器人交易员执行一系列股票交易的算法，然后在一天结束时为人类投资者生成一份报告，列出交易明细及其收益或亏损。

在这种情况下，人类投资者并不是交易过程中的信息接收者，因为机器人交易员的目的是让收集到的信息"有意义"，从而为其买卖决策提供信息。尽管如此，在这个案例中存在一个真实的《第一修正案》经验，当只关注基于事实的最终产品，而不是更广泛地关注使该产品成为可能的中间步骤时，这种经验很容易被忽视。

即使当机器人或机器人部件彼此交流时，仍然有"有意义"的信息在来回传递，所有这些都是由人类投资者发起的交流，最终以他或她收到机器人交易员的报告而告终。简而言之，机器人之间的交流是按照人类的要求并为人类的目标服务的，假设投资者的目的和目标是合法的，机器人交易员仅通过交换信息就可以实现这些商业目标。那么，为什么作为这一过程中间阶段的交流步骤被视为不那么值得纳入《第一修正案》的范围呢？

90

此外，就无意图言论自由的目的而言，机器人交易员的报告是否是一组事实的交流，这些事实很少或者根本没有逻辑意义或评估价值，这些都不重要。

我之所以详细地引用这段话，是因为我认为它代表了《机器人的话语权》中有争议的错误论点。据我所知，这一论点似乎是，在"机器人之间的交流"中，缺乏人类参与并不妨碍《第一修正案》的保护，无意图的言论自由让我们不必去识别那个通过这些交流来传达自己意图的特定的人，相反，现实情况是，无论何时，只要是"在人类目标的要求下并为人类服务"，此类交流都将作为言论受到保护。

这是效用的准则。柯林斯和斯科弗将其与其他《第一修正案》学者的观点进行了对比，这些学者认为，保护是为具有"意识形态和评估意义"的言论保留的。例如，罗伯特·波斯特(Robert Post)在一篇讨论计算机源代码的关于《第一修正案》的著名文章中指出，"《第一修正案》的保护范围是由那些实现《第一修正案》价值观的社会互动形式触发的"。[14]波斯特有他自己的一套价值观，[15]其他《第一修正案》学者也有他们自己的价值观。而柯林斯和斯科弗则建立起了效用准则，反对所有

141

这些理论。"不用仰望准则的天堂,只需俯瞰生活和科技发展的街道。"因此,他们期待《第一修正案》对事实、艺术和政治言论给予同等保护,也就是说,用"效用"取代"真理"或"美"或"自制"成为主导《第一修正案》的准则。

六

柯林斯和斯科弗似乎认为效用标准来自他们的读者反应分析,我不确定它是否如此。事实上,我很确定它不是。

拿机器人交易员为例,柯林斯和斯科弗声称,在当天交易的中间阶段,交易机器人之间和机器人内部传递的信息也属于被包括的"言论",而不仅仅是提交给人类交易者的最终报告。但是,虽然中间传输是"在人类要求下并为人类目标服务的",但人类经历的作为言论的唯一一件事情是最终报告。面向听众的读者相应方法可以在最终报告中找到其意义,但涉及中间步骤的说明却很少。没有人为它们而存在,也没有人从它们身上提取意义。启动算法并收到报告的用户可能并不知道机器人交易员是如何工作的,也不知道它们"说了什么"。

无意识言论自由是一种以听众为导向的理论:它以听众的体验而非说话者的意图为保护基础。但这并不是一项无人参与的理论:如果没有一个人参与其中,就没有可认定的《第一修正案》利益可以维护,因为没有谁的权利受到了侵犯(至于版权方面,机器人想要凭借自身的权利成为受《权利法案》保护的法人,还有很长的路要走)。

假设在一天结束时没有报告,那么就没有信息呈现给人类,所以也没有人有过有意义的体验。在这种情况下,柯林斯和斯科弗的观点仍然有用。这些交易是"在人类的目标要求下并为人类的要求服务的"。这应该是一个信号:该观念并不取决于读者对任何事情的反应。效用标准并不是一个真正意义上的言论自由理论。

七

效用标准不能像弗雷德里克·绍尔所说的言论自由原则那样发挥作用：这是一种决定什么样的权利主张是享有特权的"言论"主张，什么样的权利主张不是的方法。[16]绍尔的观点很深刻，他认为如果没有某种言论自由原则，特定的言论自由论点就会瓦解成一般的自由论点，毫无疑问，效用是一种规范和美德。但是，它不是一项关于言论自由的规范和美德。

这不仅仅是一个理论问题，还是一项非常实用的方法。我的灯泡机器人很有用：它能帮我看清梳妆台，早上穿上相配的袜子。根据效用标准，对低效的家用白炽灯的限制是对言论的限制。这可能是一项内容中立的限制，尽管制造商可能会辩称，考虑到白炽灯、紧凑型荧光灯(CFL)和发光二极管(LED)灯泡的不同波长输出特征，认为这是一项基于内容的限令。能源效率是政府的一项重大利益，它可能与言论限制无关，但是这项限制是否真有必要？ 这取决于紧凑型荧光灯(CFL)和发光二极管(LED)灯泡的成本和可用性，让我们拭目以待吧。

如果说效用是《第一修正案》的指导原则，那么言论就吞噬了整个世界，因为一些人关心的任何事情都是有用的，至少对他们而言是这样的。一些物理学家和神秘主义者认为，整个宇宙实际上是由信息构成的。这种观点认为，我们所感知的物质、力量和其他一切，仅仅是信息从一个地方以一种形式到另一个地方另一种形式的流动或转换。从这个观点看，宇宙是一台硕大的计算机，不断地计算着一个具有宇宙复杂性并且难以置信的函数。在机器人时代，柯林斯和斯科弗对言论的概念也是如此。言论无处不在，无所不在，它只等人类出现来发现它的用处。这将使《第一修正案》成为阿曼达·沙诺尔(Amanda Shanor)所称的"新洛希纳"：广泛而深刻地禁止政府对各种活动进行监管。[17]这可能是一件好事，也可能不是一件好事。但它与我们所认识或关心的"言语"没

92

143

有任何意义上的联系。关于最大限度自由的论点必须根据人类的经验和目的，以自己的方式提出来。它不能通过援引古老的进步言论自由传统来实现(就像柯林斯和斯科弗在《机器人的话语权》的前三分之一中所做的那样)，因为这个传统作为言论的传统并不能带我们达到这个目的，如果说一切都是言论，那么也就是说，什么都不是言论。

八

矛盾的症结在于交流的意义与《第一修正案》范围之间的关系。斯宾塞测试看起来很简单：当说话者的"意欲传达特定信息"与听者的"好像……信息可能会被理解"[18]相符时，《第一修正案》就生效了。从这个角度看，交流意义是《第一修正案》范围的一个充分必要条件：如果人类有意将其体验为一种言论，那么它就是《第一修正案》所指的言论(我们已经讨论过了说话者的意图是否完全必要的问题。柯林斯和斯科弗认为，如果机器人言论的答案是否定的，那么听者的理解就足够了，我认为这一观点是正确的)。

有些学者认为，《第一修正案》达到了交流意义的最大程度。早在2000年，作为支持《第一修正案》保护源代码的一个持续论点的一部分，李天恩(Lee Tien)就用言论行为理论对其进行了详尽的阐述。[19]最近，斯图尔特·本杰明又阐述了它对机器人的影响。[20]而我则认为这是简·巴伯尔的论点的一个重要前提，即"数据"的收集和共享属于《第一修正案》的范围。[21]

其他学者不同意这一观点，认为《第一修正案》只涉及交流意义的一个子集。当蒂姆·吴说法院"以保留国家权利来规范沟通过程的功能方面的方式限制范围"时，[22]他并不是说自动驾驶汽车的左转信号没有传达任何信息，没有任何意义。后边那辆车的人类驾驶员或机器人驾驶员很清楚这个意思："前面那辆车要左转了。"但是，这种信号与安全驾驶活动密切相关，因此，故障信号法并不认为是对言论的限制。驾驶有很大的用处，但这仍不足以提供一个令人信服的理由，将转向灯视为《第一修正案》的"言论"。在各种方式、各种时间和各种原因下，犯罪阴谋、威胁、航海计划、暴力行为、价格操纵和淫秽都被如此分类，虽然它们都具备任何称职的读者或听者都会认同的交流意义。效用标准超越了这场辩论的局限：即使在没有任何交流意义的情况下，《第一修正案》也适用。我没有读过李天恩、本杰明、巴伯尔或其他除了约翰·佩里·巴洛以外的任何人，甚至会说"现在都是言论，不论你是否知道，只要有用，就是言论"。不仅仅是转向信号灯，还有从自动驾驶汽车的车载电脑到转向信号、激光和全球定位系统的线路，以及轮胎橡胶的配方：它们都很有用，都是言论。

的确，就连一些人类从未体验过的活动，包括那些人类无法体验的活动，只要具有交流意义，都被视为"言论"。我们没有能够探测调频无线电波的感觉器官，我们的大脑无法轻易地解码从一台计算机发送到另一台计算机的微软 word 文件中的二进制数字。然而，这些无疑是《第一修正案》的"言论"，这些活动就是"言论"，因为它们与其他涉及交流意义的活动有着密切的关系。无论是好是坏，《第一修正案》的不同理论都在解释什么样的联系是重要的，什么样的联系不重要。效用标准没有也不能这样做，因为它完全脱离了人类经验，而人类经验是区分言语和非言语的首要因素。

九

这里的问题是柯林斯和斯科弗对机器人语言问题的错误框架，即"是否？"而不是"何时？"，错误的框架导致他们从对听者如何体验世界的深刻分析中得出了错误的结论。读者反应是对人类何时从与机器人的互动中获得意义这个充满事实的问题的一个很好的答案。但对机器人言论是否需要新的《第一修正案》标准这个明确的问题，它却是一个糟糕的答案。在许多涉及机器人的情况下，根据接收者的经验可以正确区分言论和非言论。这并不意味着效用是新的《第一修正案》的指导原则，因为虽然效用对那些使言论有价值的东西很敏感，但对那些使言论成为言论的东西却漠不关心。

注释

1. Charles Babbage, Passages from the Life of a Philosopher (London: Longman, Green, Longman, Roberts, and Green, 1864), p.67.

2. See A.K.Dewdney, "A Tinkertoy Computer That Plays Tic-Tac-Toe", Scientific American, October 1989, p.120.

3. See Nicole Perlroth, "Why Automakers Are Hiring Security Experts", New York Times, June 8, 2017, sec. B, p.4.

4. Spence v.Washington, 418 U.S. 405, 410—411(1974).

5. Lee Tien, "Publishing Software as a Speech Act", Berkeley Technology Law Journal 15: 629(2000).

6. Texas v.Johnson, 491 U.S. 397(1989).

7. Cohen v.California, 403 U.S. 15(1971).

8. Erie v.Pap's A.M., 529 U.S. 277(2000).

9. James Grimmelmann, "There's No Such Thing as a Computer-Authored Work—And It's a Good Thing, Too", Columbia Journal of Law & the Arts 39: 403 (2016).

10. Stanley v.Georgia, 394 U.S. 557(1969).

11. Lamont v.Postmaster General, 381 U.S. 301(1965).

12. 857 F.Supp. 2d 599(E.D.Va. 2012).

13. 730 F.3d 368(4th Cir. 2013).

14. Robert Post, "Encryption Source Code and the First Amendment", Berkeley Technology Law Journal 15: 713(2000).

15. See, e.g., Robert Post, "Recuperating First Amendment Doctrine", Stanford Law Review 47: 1249(1995).

16. Frederick Schauer, Free Speech: A Philosophical Enquiry (Cambridge: Cambridge University Press, 1982), pp.6—7.

17. Amanda Shanor, "The New Lochner," Wisconsin Law Review 2016: 133 (2016).

18. Spence，418 U.S. at 410—411.

19. Tien，"Publishing Software as a Speech Act".

20. Stuart Minor Benjamin， "Algorithms and Speech"， University of Pennsylvania Law Review 161：1445(2013).

21. Jane Bambauer，"Is Data Speech?"， Stanford Law Review 66：57(2014).

22. Tim Wu， "Machine Speech"， University of Pennsylvania Law Review 161：1495，1496—1497(2013).

94

一个老的诽谤罪律师面对
机器人的话语权的勇敢新世界

布鲁斯·E.H.约翰逊(Bruce E.H.Johnson) *

我是一名执业律师，自 20 世纪 70 年代以来，我一直在处理有关诽谤和《第一修正案》的案件，我对本书的意见也主要得益于我的个人从业经历。

在《机器人的话语权》这本书中，罗纳德·柯林斯教授和大卫·斯科弗教授回顾了从石器时代到互联网时代人类交流技术发展的历史，讨论了他们的言论自由("将宪法范围扩展到技术层面之后意味着什么")和管理(是不是因为古腾堡的发明才有了路德，进而导致了新教革命并最终产生了版权法和审查制度)心得，接着重点介绍了机器人言论和人工智能的最新发展，最后指出"机器人交流在世界上的表现与它的媒质

---

* 布鲁斯·E.H.约翰逊是华盛顿西雅图戴维斯·赖特·特里曼律师事务所的合伙人。他是一位经验丰富的诉讼律师，代表信息产业客户研究涉及媒体和传播法律、技术和知识产权等问题。他的专长包括在第一修正案法律问题上提供咨询，特别是涉及商业言论、商业交易和消费者权利的问题。约翰逊参与起草 2007 年颁布的《华盛顿记者保护法》和 2013 年颁布的《华盛顿统一纠正或澄清诽谤法案》。约翰逊先生是《广告与商业演讲：第一修正案指南》(第 2 版，2004)的作者之一。

前辈们截然不同"。

据柯林斯和斯科弗的观点,机器人交流应受到《第一修正案》的保护,他们将机器人交流称作"无意图交流"或"无意图言论自由":

机器人交流并非人与人之间的对话,因此对言论自由处理无关紧要;机器人不能够公平地被描述为有意图,这应该也是不相干的;机器人不通过对话交流来表达命题和观点,这应该也没关系。从宪法的角度看,真正重要的是接收者将机器人的讲话视为有意义的、有潜在价值的或重要的。从本质上来讲,这是从机器人和接收者的立场上对无意图言论自由的宪法层面的认可。

柯林斯和斯科弗以读者反应批评和接受理论为前提,提出"接收者的言论体验被视为言论的宪法意义的一个基本维度,无论其是不是发生在人类身上,无论是有意的还是无意的"。

机器人交流的言论自由应接受严格的实用主义计算检测。

有时候,机器人表达的社会效益如此之大,以至于应该得到彻底的宪法保护,或者破坏现有法律(无论是宪法还是其他法令)的规则,从而使其在功能上被彻底淘汰(如淫秽物品)。相反,有时某些机器人表达的社会成本非常高,以至于超过其价值,从而使其服从于合法的政府控制。

95

作为一名经验丰富的诽谤罪律师,我很惊讶,柯林斯和斯科弗竟然没有提到 1964 年以来一直主导美国诽谤罪(及《第一修正案》的其他类型)诉讼的一个基本原则:即加强与公众关注事项相关的宪法言论。[1]有趣的是,这是我在为媒体案件辩护时很少遇到的问题,因为法官和其他人总是合理地认为"新闻价值"等同于"公众关注",[2]但这场"公众关注"的革命悄悄地改变了美国宪法《第一修正案》的原则。对于普通的诽谤罪律师而言,这个过程无疑是具有变革性的。正如第二巡回法庭指出的:"从纽约时报公司和沙利文的案子开始……最高法院裁定,美国宪法《第一修正案》限制了州《诽谤法》的适用范围,因为这些法律适用于就公众关心的问题发表言论。"[3]

这是因为，法院认为："因涉及公共和公众利益的诽谤性谎言而名誉受损的个人"必须证明其过失；[4]认为"应至少在一家报纸上发表公众关注的言论，个人原告必须证明相关声明是虚假的，才能获得损害赔偿"；[5]法院还认为"关于公众关注事项的声明必须被证明是虚假的，才能根据州《诽谤法》承担相关责任，至少在某些情况下……媒体被告被牵扯其中"；[6]最后，法院还认为，如果被告是一名公众人物，如其不能证明有实际恶意，则不能恢复故意遭受的精神损害，因为"《第一修正案》的核心是承认关于公众利益和关切事项的思想和意见自由流动的根本重要性"。[7]

2001 年，法院将这一原则扩展到禁止法定的隐私责任，这一责任是因电台使用由匿名线人提供的录音电话交谈所引起的，因为"谈话的主题是公众关心的问题"，因此，适用的法律"涉及《第一修正案》的核心目的，因为它对公布公众关心的真实信息实行制裁"。[8]

的确，对威斯特布路浸信会(Westboro Baptist Church)来说，这是一场指控其成员试图骚扰殡仪参与者而故意为其造成精神伤害的诉讼，这个问题是具有决定性意义的：

在这种情况下，《第一修正案》是否禁止威斯特布路浸信会对其在本案中的言论承担责任，很大程度上取决于该言论是公众关注还是私人关注，当然也取决于本案的所有情况。"就公众关注的事项发表言论……是《第一修正案》保护的核心"，参见邓恩 & 布拉德斯特里特公司与格林莫斯建筑公司案(Dun & Bradstreet, Inc. v.Greenmoss Builders, Inc)(1985)(据鲍威尔的观点，引自波士顿第一银行诉贝洛蒂案(First Nat. Bank of Boston v.Bellotti)(1978))。

96 　　《第一修正案》反映了"国家将对关于公众事务的讨论应不受约束、充分且公开这一原则恪守承诺"。见纽约时报公司诉沙利文案(1964)。这是因为"关于公众事务的言论不仅仅是自我表达，这是自治的本质"。参见加里森与路易斯安那案(Garrison v.Louisian)(1964)。因此，"关于公共事务的言论占据了《第一修正案》的价值标准的最高等级，

并有权享有特别保护"。参见康尼克诉迈尔斯案(Connick v.Myers)
(1983)。[9]

那么,从这些案件,我们能知道《第一修正案》赋予了机器人言论
什么样的权利呢? 公众的关注,就像公共政策一样,"是一匹非常难以
驯服的马",[10]如将此应用到机器人言论中,则会即刻颠覆柯林斯和斯
科弗的实用主义算法。尽管他们声称"有时某些机器人表达的社会成本
会大到超过其价值,从而使其受到合法的政府控制"。但事实上,机器
人言论涉及公众关注的问题,但却带来了巨大的社会成本,包括摧毁美
国话语民主理论,*可能完全不受政府控制。[11]实际上,《第一修正案》
将推翻阿西莫夫的机器人第一定律。[12]

以 2016 年的美国总统大选为例,当时候选人几乎入主白宫,但是
该候选人以近 300 万张选票的差距输给了对手,但据称(根据美国情报官
员的说法),在外国间谍推动的"假新闻"僵尸网络的支持下,最终设法
勉强取得了选举团的微弱胜利。的确,在 2016 年美国总统大选期间,错
误信息的"海啸"席卷了全美。[13]正如弗吉尼亚州民主党参议员马克·
沃纳(Mark Warner)在 2017 年 3 月评论的那样,"在俄罗斯,有一千多名
付费网络巨魔在一个机构工作,事实上,他们就是接管了一批计算机,
这些计算机后来被称为僵尸网络,他们能自动生成新闻并传播到特定区
域",在美国,这些巨魔被认为是举棋不定的州。[14]

这个由计算机化的虚假信息组成的"美丽新世界"的病毒式传播,
很可能影响了美国 2016 年大选,这些肯定地证实了作者的结论,即"机
器人表达加强了沟通过程"。此外,由机器人制造的"虚假新闻"加速
了美国选举制度的腐败,而且此类虚假信息参与竞选的现象正在全球蔓
延。例如,南加州大学计算机科学系助理研究教授埃米利奥·费拉拉
(Emilio Ferrara)在 2017 年 7 月进行了一项研究,"首次发现了 2016 年美国
总统大选期间有机器人参与投票,该研究在 2016 年 11 月 8 日之后陷入

---

* 译者注,此处是指德国哲学家哈贝马斯的"话语民主理论"。

黑暗，并在 2017 年法国总统选举前几天重新开启"。[15]费拉拉还指出，一个旨在制造机器人谎言来扰乱民主话语的机器人市场的雏形已经出现，"反常的账户使用模式表明，可反复利用的服务于政治目的的假信息机器人可能存在黑市"。[16]

97 　　该怎么办呢？ 根据美国《第一修正案》的审判规程，政府是不允许限制独立的"黑钱"支出的，而这种黑钱肯定是僵尸网络的幕后金主。[17]此外，《第一修正案》还限制了负责监督选举的政府机构的活动。[18]在沙利文看来，有意或无意的诽谤他人名誉的谎言是不受宪法保护的，但是选举谎言受更宽泛的保护，就像第六巡回法庭近日在驳回俄亥俄州一项法规时承认的那样，该法规"不但涉及诽谤和欺诈性言论，还涉及所有关于政治候选人的虚假言论，虽然这些言论或许并不那么重要，或者是负面的、中伤他人的或损坏名誉的"。[19]

　　这种禁止选举监管的行为显然是以沙利文阐述的公众关注理论为前提的，正如最高法院在美国诉阿尔瓦雷斯案(United States v.Alvarez)中指出的那样，"虚假事实陈述享有一定程度的宪法保护"，因为"在许多领域，国家惩罚疑似虚假言论的任何企图都会带来压制真实言论这种严重的且不可接受的危险，限制关于哲学、宗教、历史、社会科学、艺术和其他公众关注的问题的虚假陈述的法律将带来这种威胁"。[20]因此，当涉及公众关注的问题时，只有那些(在法院看来)造成"法律上可认定的损害"的谎言不受《第一修正案》的保护。[21]

　　当然，限制政府实体在涉及公众关注事项的机器人出版物方面限制言论自由和新闻自由的权利并不排除私人补救措施。事实上，互联网，尤其是社交媒体，仍然是一个非常私人的通信系统。[22]未来，私人行为者对美国公众话语的影响力可能比政府更大，这一结果完全符合《第一修正案》的原则。[23]

　　如果机器人言论不涉及公众保护，那么《第一修正案》有哪些保护措施呢？ 有趣的是，根据诽谤罪判例法来看，这样的保护将是最低限度的，甚至有可能是不存在的。这是最高法院在 1985 年邓恩 & 布拉德斯特里特公司与格林莫斯建筑公司的案件判决中的教训，[24]该判决确立了佛蒙特州的一项决定，即允许对虚假信用报告导致的损害作出判决，其依据是陪审团的结论，不需要任何形式的过失证明，无论是恶意过失或疏忽过失。实际上，法院允许根据传统的英国普通法律施加诽谤损害赔偿，该法律对诽谤性的出版物规定了严格的责任。

柯林斯和斯科弗驳斥了这一观点，即"说话者的意图对言论保护很重要，以至于机器人产生的非人类和无意图的言论最多将被怀疑为重要的宪法识别候选对象"。他们的基本原理是假设明知的或错误的要求是侵权行为，且属于刑法中固有的：举个例子，明知是参与或存在非法欺诈、诽谤或真正威胁的必要因素，如果不是明知，法律根本不会将表现性行为作为侵权或犯罪来惩罚。在这个意义上讲，明知的或有意的可能是《第一修正案》保护这些表达活动的一个存在因素。换句话说，如果没有意图或者不是明知而为，表达活动一开始就不能作为侵权行为或犯罪受到惩罚，也不属于《第一修正案》所关注的政府对这种侵权行为或犯罪行为的监管范围。

98

当然，正如福尔摩斯提醒我们的那样，"即使是狗也能区分被绊倒和被踢到的"，[25]所以，这个结论似乎并不奇怪。

但是，在我们商业社会的核心，邓恩&布拉德斯特里特确立了对通信的严格责任的判断，这意味着在柯林斯和斯科弗的"美好新世界"中，"无意图"交流或无意图言论自由将产生重大的法律风险。这是因为，如果在后沙利文时代的宪法保护是不可用的，而且说话人(或者在计算机交流的情况下，其创作者)的意图与责任无关，只要其言论不涉及公众关注的问题，[26]政府对机器人言论的监管将完全不受宪法的限制。[27]

在这种分析下，由于缺乏公众的专注，我们回到普通法规则，那么无意图言论自由将对言论负有严格的责任。[28]但如果结果是这样，那么就必须有某人(或某事或某公司)对此负责。有了成千上万的律师，美国司法系统将要求对这种"超级"通信系统产生的错误承担责任，而这种通信系统也将被附加到人类身上，因为，正如卡多佐法官多年前观察到的，传统的责任规则要求不断寻求因果关系，"可以说，证据不会凭空产生"。[29]

我们以前涉及过，意图很重要。从亚历山大·汉密尔顿就其攻击杰斐逊总统为哈里·克罗斯韦尔辩护，阐明发表"有罪不罚、真实、动机良好、目的正当"的言论自由权，[30]到霍姆斯大法官在申克提出的"明确而现实的危险"测试，[31]再到勃兰登堡案(Brandenburg case)[32]驳回了俄亥俄州一项禁止"鼓吹"暴力的严格责任法规，最后到布伦南法官在沙利文认可对真实恶意原则规则的"无限制、有力且广泛的开放"[33]的保护，为了促进和鼓励新闻和言论自由，美国《诽谤法》一再推行因果关系限制原则，主要是接受主观意图及其客观的近亲否定。[34]

假定人为代理，主要是因为美国的言论自由制度在很大程度上先于计算机，而且在电子时代之前，美国人无法想象一种完全基于无意图言论自由确立的通信系统。然而，这些改革努力的前提是基于不应因人为错误而否定言论自由这一假设。

相反，在政府对交流施加责任之前，应出现更多的东西。例如，美国绝大多数州的宪法都采用了保护言论和新闻自由(不限于公众关注的言论)的具体方案，只允许对"滥用"这些权利承担责任，这一条款最早于1789年8月在《法国人权和公民权利宣言》[35]中颁布，如今，作为保护言论自由的一项常规手段，它已被列入美国几十个州的宪法权利法案。

纽约最早在1821年《宪法》中通过了关于"滥用"的条款就是一个典型的例子："每个公民都可以自由地就所有主题发表自己的观点，并对滥用这一权利负责；且不得通过任何法律限制或剥夺言论自由和新闻出版自由。"[36]正如已故法官凯耶(Kaye)在一个保护科学意见和评论的主要案例中为纽约上诉法院所写的那样，这种语言比《第一修正案》的"非法律"原则更具有保护性，其目的是"以强有力的肯定措辞阐述新闻自由的基本民主思想"。[37]

正如柯林斯和斯科弗认为的那样，这种类型的"滥用"责任可能是侵权行为或范围行为，或者说，法律系统可能会产生类似巴尔金(Balkin)教授的"信息受托人"，[38]但对纯粹的无意图言论自由体系施加压力，至少对公众关注的言论责任而言，将是不可抗拒的。

普通生活将拥抱机器人技术，即使个人的责任和义务对电子言论的发声者或推动者来说仍然存在。不过这个世界看起来会很熟悉，会有一些罗杰斯邻居(Mr.Rogers' Neighborhood)的蛛丝马迹。交流将是生动的，也是周到的，人类将定期与人类联系，而计算机将成为达到这一目的的手段。

但是关于公众关心的问题的言论[39]呢？ 奇怪的是，如果我们接受无意图言论自由，公共"思想市场"将会大不相同，尤其是在竞选期间，当大资金和大数据能够有效地"强化"它们的信息传递时。在这种情况下，因为公众关注的机器人言论将抵制由《第一修正案》理论推动的监管，被俄罗斯支持的不可避免的僵尸网络所淹没，并被算法和不断确定的偏见所困扰，美国人可能会发现自己陷入了一种有毒的反乌托邦的计算机谎言中，在这种情况下，话语当然会消亡。[40]

注释

1. 当然，尽管柯林斯和斯科弗的讨论中没有这个词，但"公众关注"似乎是以人为中心的，这与他们强调的读者反应批评和接受理论是一致的。然而，以我作为诽谤罪辩护人的经验来看，如果人们在发送和接收这类通信的两端都积极参与，就更容易使法院相信某一特定出版物涉及公众关注的事项。一个人不是"公众"，但媒体当然应该是。

2. See Clay Calvert, "Defining Public Concern after Snyder v.Phelps: A Pliable Standard Mingles with News Media Complicity", Villanova Sports and Entertainment Law Journal 40：39(2012).

3. Chandok v.Klessig, 632 F.3d 803, 813(2d Cir. 2011).

4. Gertz v.Robert Welch, Inc., 418 U.S. 323, 346(1974).

5. Philadelphia Newspapers, Inc. v.Hepps, 475 U.S. 676(1986).

6. Milkovich v.Lorain Journal Co., 497 U.S. 1(1990).

7. Hustler Magazine, Inc. v.Falwell, 485 U.S. 46, 50(1988).

8. Bartnicki v.Vopper, 532 U.S. 514, 525, 533—534(2001).

9. Snyder v.Phelps, 562 U.S. 443(2011).

10. Richardson v.Mellish, 2 Bing. 229, 252(1824).

11. 当然，另一个法律问题是国籍和人格。马其顿的青少年制造假新闻，无论是为了点击率还是为了普京，他们有宪法《第一修正案》赋予的权利吗？那些把信息传送到美国各地电脑的机器人有这样的权利吗？当然，柯林斯和斯科弗关注的是接收者，而不是发送者，所以他们没有考虑这些问题。

12. See Boer Deng, "Machine Ethics：The Robot's Dilemma", Nature, July 1, 2015, at www.nature.com/news/machine-ethics-the-robot-s-dilemma-1.17881.

13. "Bernie Sanders' Campaign Faced a Fake News Tsunami. Where Did It Come From?" Huffington Post, March 13, 2017, at m. huffpost. com/us/entry/us _ 58c34d97e4b0ed71826cdb36/amp.

14. "1, 000 Paid Russian Trolls Spread Fake News on Hillary Clinton, Senate Intelligence Heads Told", Huffington Post, March 31, 2017, at www.huffingtonpost. com/entry/russian-trolls-fake-news_us_58dde6bae4b08194e3b8d5c4.

15. Emilio Ferrera, "Disinformation and Social Bot Operations in the Run Up to the 2017 French Presidential Election", Arxiv.org, July 1, 2017, at arxiv.org/abs/ 1707.00086.

16. Ibid.

17. See Citizens United v.FEC, 558 U.S. 310(2010).

18. See Susan B.Anthony List v.Driehaus, 814 F.3d 466(6th Cir. 2016) (striking down Ohio law that banned "false political speech").法院认为："一项法律不能被视为保护最高利益，因此也不能被视为限制诚实言论的正当理由，因为它会对本应至关重要的利益造成明显的损害而不加禁止。"虽然俄亥俄州的利益肯定是合法的，但我们不认为他们可以证明这样一个极其广泛的禁令是正当的。显然，一项更狭义的监管——或许针对与虚假机器人语音相关的具体滥用——能否经受住司法审查，将是人们感兴趣的问题，但最近的判例法并不令人鼓舞。参见 281 Care Comm. v.Arneson, 766 F.3d 774(8th Cir. 2014)[没有多少"狭义剪裁"能够成功，因为(明尼苏达州的政治虚假陈述法)是不必要的，同时又过于宽泛和包容性不足，而且不是实现任何既定目标的限制最少的手段]；Commonwealth v.Lucas, 34 N.E.3d 1242(Mass. 2015) (striking down a Massachusetts law, which was similar to Ohio's)。解决这个问题的第一个案例是 Rickert, 由美国最高法院决定拒绝了监管方案，裁决："政府的概念，而不是人，可能在政治辩论真理的最终仲裁者根本上不符合《第一修正案》。"

Rickert v.State Pub. Disclosure Comm'n, 135 Wn.2d 628, 168 P.3d 826(2007)(推翻了华盛顿的政治虚假陈述法，该法要求提供实际恶意陈述的证据，但不包括

诽谤性陈述。

19. Susan B.Anthony List.

20. United States v. Alvarez, 567 U.S. 709(2012).

21. 同上，第 719 页。

22. Quigley v.Yelp, 2017 U.S. Dist. LEXIS 103771(N.D.Cal. July 5, 2017).

23. 此外，互联网是国际通信系统的一部分，这意味着外国政府(以及它们的言论自由规则)可能会参与监管机器人交流。任何此类行为是否构成在美国无法强制执行的"判决"，将由该演讲(SPEECH)的条款决定。SPEECH Act, 28 U. S.C. §4102.

24. 472 U.S. 749(1985).

25. Oliver Wendell Holmes, Jr., The Common Law(1881), p.3.

26. 据一些评论人士说，在裁决与公众关注的问题有关的宪法保护时，法院采取了"前后矛盾的做法"，而判例法"未能提供有用的标准，来确定什么才是公众关注的问题"。Mark Strasser, "What's It to You: The First Amendment and Matters of Public Concern", Missouri Law Review 77: 1083, 1119(2012).

27. 正如柯林斯和斯科弗所指出的，所谓的商业言论是一种反常的受保护的交流：广告或商业广告的言论自由意义完全在于它对经历过它的消费者的潜在意义或价值。商业言论在多大程度上也可以被视为公众关注的言论，包括不同的《第一修正案》测试是否应适用于这些情况，这是一个有趣的关于《第一修正案》的问题，法院考虑了耐克公司诉卡斯基案，但没有解决。Nike, Inc. v. Kasky, 539 U.S. 654(2003).例如，沙利文(Sullivan)涉及由广告引发的诽谤指控，但法院裁定，这则广告并非"商业"广告：它代表一个其存在和目标是公众最关心的问题的运动，传播信息，表达意见，表达不满，抗议滥用，并寻求财政支助。376 U.S. at 266.美国宪法《第一修正案》最早的商业言论案之一认为，州外的堕胎服务广告"不仅仅是提出一项商业交易"——"它包含了明显'公共利益'的事实材料"。Bigelow v.Virginia, 421 U.S. 809, 822(1975).

28. 或者，用弥尔顿的观点来表达，柯林斯和斯科弗将赞同，新的无意图言论自由很大程度上只是旧的令状制度中的严格责任。

29. Palsgraf v. Long Island RR Co., 248 N.Y. 339, 341(1928).

30. People v. Croswell, 3 Johns. Cas. 337(N.Y. 1804).

31. Schenck v. United States, 249 U.S. 47, 52(1919).

32. Brandenburg v. Ohio, 395 U.S. 444(1969).

33. 376 U.S. 254, 270(1964).

34. 可以说，美国人抵制英国普通法中严厉的诽谤罪至少可以追溯到 1735 年的曾格(the Zenger)案。

35. Vincent R.Johnson, "The Declaration of the Rights of Man and of Citizens of 1789, the Reign of Terror, and the Revolutionary Tribunal of Paris", British

Columbia International and Comparative Law Review 13：1，9—13(1990).

36. N.Y.Const. Art. I，Sec. 8.

37. Immuno A.G. v. Moor-Jankowski，77 N.Y. 2d 235，249—250(1991).

38. Jack M.Balkin，"The Three Laws of Robotics in the Age of Big Data"，Ohio State Law Journal 78(2017).

39. 而"出版社"则是因为可能有办法加强"出版社条款"，保护那些经常向公众提供信息的传播实体和个人，不像 2016 年特朗普获胜后，那些不可靠的虚假信息机器人就消失了，随后，在 2017 年马克龙竞选前被激活。See Sonja West，"Favoring the Press"，California Law Review 106(2018)；Sonja West，"The 'Press.' Then and Now"，Ohio State Law Journal 77：49(2016).

40. 当然，我想起了吉尔莫(Gilmore)教授的可怕警告：

> 法律反映社会的道德价值，而不是决定社会的道德价值。一个合理公正的社会的价值观将反映在一个合理公正的法律体系中，社会越进步，法律的作用越小。天堂中则没有法律存在，狮子将会躺在小羊羔身旁。一个不公正社会的价值观将反映在不公正的法律中。在地狱里，除了法律什么也没有，正当的程序将被严格遵守。
>
> ——Grant Gilmore，The Ages of American Law 110(1977).

什么旧的又是新的(反之亦然)

海伦·诺顿(Helen Norton)*

正如柯林斯和斯科弗要求我们做的那样，认真思考机器人的言论，　　100
会让很多旧的东西看起来变成新的。它让我们有机会重新审视、保留、
修改或放弃我们以下几个首要前提，即做人意味着什么？ 它对说话意
味着什么？ 以及我们何时以及为何重视人性和言论？

柯林斯和斯科弗的作品也让许多新事物看起来再次变得陈旧。这些
作品提醒着我们，即使我们已经接受了技术变革，但也曾多次害怕和抵
制这种变革。因此，我们当代对于机器人言论的矛盾心理引起了熟悉的
共鸣。

他们的结论是，就《第一修正案》的目的而言，言论取决于旁观者

* 海伦·诺顿是科罗拉多大学(博尔德)法学院的教授，她在那里担任伊拉·C.罗特格贝尔会议(Ira C.Rothgerber, Jr.)[该会议是拜伦·R.怀特(Byron R.White)中心的年度活动，该活动将来自全国各地的学者和律师带到科罗拉多大学法学院，讨论当前的宪法问题。]宪法学会主席。她的学术和教学兴趣包括宪法、民权和就业歧视法。她曾在2008年担任候任总统奥巴马过渡团队的领导人，负责审查平等就业机会委员会，并在国会和联邦机构之前就公民权利法和政策问题提出警告。在进入学术界之前，诺顿教授曾担任美国司法部负责民权事务的副助理司法部长，并担任全国妇女与家庭伙伴关系的法律和公共政策主任。在其他出版物中，她的学术著作发表在《杜克法律杂志》和《最高法院评论》上；她关于人工智能的最新文章发表在《西北大学法律评论》上。

的眼睛和听众的耳朵：

> 机器人并非人类说话者，这对于言论自由救济来说并不重要。机器人不能被公平地视为有目的，这一点无关紧要。机器人不通过参与对话交流来表达命题或观点，这是无关紧要的。从宪法意义上来说，真正重要的是接收者感受到机器人言论是有意义的而且是潜在有用的或有价值的。

尽管他们的论点提出了更多的问题和挑战，但在描述和规范上却都是强有力的。当然，这就是他们项目的重点。

我曾在过去的作品中探索过相关问题——首先是和托尼·马萨罗(Toni Massaro)，[1]然后又和玛格·卡明斯基(Margot Kaminski)[2]一起。我们所关注的是目前尚未出现的强人工智能(强"人工智能"，或柯林斯和斯科弗所称的二阶机器人："自学、适应以及几乎自主机器人的领域")是否以及何时会被赋予《第一修正案》项下说话者的权利。我们的描述性结论与他们的相似：我们认为，当代的言论自由理论和学说出人意料地忽视了说话者的人性，但人类作为听众，仍然是《第一修正案》分析的中心。简而言之，就《第一修正案》而言，当说话者的言论对人类听众有价值时，说话者的非人性化并不重要。

我们开始研究长期以来一直"积极的"言论自由理论，这一理论重视并保护能够提供某些积极益处：促进民主自治、传播思想知识、促进个人自主的表达方式。我们也考虑"消极的"言论自由理论，这种理论并不纯粹只是肯定地赞美言论，而是强调对于政府可能会危险地控制表达的做法进行约束的必要性。我们认为，这些理论(以及在这些理论的基础上产生的最高法院的当代言论自由原则)保护了"'听众'在言论自由输出方面的利益——而非说话者的人性或人格，而将人工智能说话者置于《第一修正案》适用范围之外则因此变得极其困难"。[3]

我们还发现了关于这一主张的一种可能的例外情况：言论自由理

论，该理论特别重视言论，因为它能够让说话者在表达自己的想法和信仰时拥有更大的自主权。但就算如此，我们还是预计强人工智能言论对于人类听众的价值将迫使理论和学说发生实用变化(或如柯林斯和斯科弗所说的虚伪变化)：“这些实际考虑的关键点在于人性对于法律人格而言并非必不可少——即使人类的需求可能会激发向人工智能法律人格的转变，情况肯定会如此。”[4]

虽然我们假设了强人工智能说话者(仍未问世的二阶机器人)的意向性，并且发现这些有意向说话者的非人性对它们的《第一修正案》范围造成的障碍小得惊人，但柯林斯和斯科弗却把重点集中到了弱人工智能机器人的言论产品上(他们称其为一阶机器人：“在这个领域中，计算机和机器人通常被视为受其主体指令驱动并进行回应的媒介。”)。他们的结论是，就言论自由的目的而言，说话者的人性和意图都不重要，也不应该重要。

我们把传统的言论自由理论应用到机器人言论问题上时只浮于表面，而柯林斯和斯科弗却试图挑战这些理论。事实上，它们记录的不仅是技术变革的历史，也是假设的历史。他们项目的主要目的是揭露他们认为存在于主流言论自由理论中的表里不一，这一理论像赞美对于民主和启蒙的伟大号召一样赞美言论。柯林斯和斯科弗假设，我们声称保护言论以实现某些理想主义的愿望，而我们实际上更广泛地对效用感兴趣——他们宽泛地将其定义为“各种各样的交流使我们的工作生活更轻松的，我们的家庭生活更富裕”。

一、一种全新的言论自由理论？

正如柯林斯和斯科弗所展示的，有时新兴通信技术所带来的改变进一步深化了作为传统的自由——海伦·诺顿言论理论基础的崇高理想：例如，从口头到抄写传统的转变有助于削弱对于权威的盲从，再后来印

102

刷机的发展也造就了各种各样的革命思想,以及伴生宗教和政治变革。

但情况并非总是如此。比如,他们注意到,20世纪新兴的电子和数字通信技术不仅促进了自治和追求知识,还带来了海量的有关娱乐、经济收益、欢乐和放纵的表达方式。其中有很多并不优美,更谈不上有效——即使我们假装:

> 对于倡导基于印刷的启蒙运动美德的人来说,将任何价值都赋予一个平均每天吸引人类注意力长达5小时的电子屏幕的想法,都是令人厌恶的……然而,电子通信的言论自由捍卫者继续阐述着追求真理的古老信条。这种蓄意编造的谎言因此成为了电气化言论进化的一个中心特征。

柯林斯和斯科弗摒弃了他们所认为的存在于当代言论自由理论中的不诚实的东西,并用效用取而代之:"我们重视的言论是我们用来让生活变得可能和快乐的言论。这种言论的流传并不依赖于某种启蒙运动的原则。如果说言论自由理论家们忽视了这一点,那是因为他们从更高的角度看待法律,并在这个过程中以理想主义的名义贬低现实主义。"柯林斯和斯科弗认为,效用理论不仅在描述上比传统理论更准确,而且在规范上也比传统理论更可取:直言不讳比虚伪好,多说总比少说好。

根据这种"新效用标准",柯林斯和斯科弗提出了一种全新的积极言论自由理论:我们保护言论,因为它有肯定价值,我们很宽泛地把价值定义为效用。他们的效用标准可能被视为一种更完善的长期的积极理论,这种理论重视言论,因为言论能够进一步深化个人听众的自治——也就是说,我们保护言论是因为它具有肯定价值,我们把价值定义为听众的自由并选择它认为有用的东西。无论哪种方式,我都把它们的效用标准视为一种有别于消极理论的积极理论,因为消极理论的根源主要在于对政府作为言论监管机构的潜在无能甚至恶意有所担忧,而并不在于对听众的肯定效用经验进行赞美。即便如此,正如柯林斯和斯科弗所言，这种效用准则也与消极理论相一致："作为一种阐释宪法适用范围的理论，它完全符合基于文本的主张，即《第一修正案》对国会施加限制，间接地只保障了言论、新闻、集会、请愿和宗教的消极自由。"正如我们将看到的，当我们试图确定争议言论是否真的有用时，消极理论可能会打破僵局：在接近的情况下，政府作为监管者将会失败。

肯定《第一修正案》理论的主要原因之一是去解释其中包含什么言论，不包含什么言论以及原因。柯林斯和斯科弗对大多数传统的积极言论自由理论持强硬态度，不仅因为他们认为这些理论不足以保护言论，还因为他们觉得这些理论虚伪：例如，当我们经常性地保护言论时，我们假装保护言论是为了实现崇高的启蒙运动理想——比如色情作品——仅仅是因为有相当多的人喜欢它(尽管启蒙运动时期本身就有大量色情作品[5])。

但即使是最宽泛的言论自由理论也需要一些限制原则——在阐明《第一修正案》的适用范围时(即确定能引起《第一修正案》关注和分析的言论)，或在阐明《第一修正案》的保护范围时(即决定政府对受保护言论的监管是否通过了相关的宪法审查)。无论我们选择适用范围——柯林斯和斯科弗很大程度上推崇——还是保护范围作为适用限制原则的切入点，我们都无法避免强硬立场问题。听众效用的新标准要求我们在适用阶段解决其中的一些挑战(他们称之为初级或一级宪法问题)，在这个阶段，我们必须努力解决对听众和效用的有争议理解。

二、 效用的黑暗面

当然，效用也有其光明的一面。正如柯林斯和斯科弗所观察到的，"我们重视的言论是我们用来让生活变得可能和快乐的语言"。

但是，什么言论——如有——不能通过这种宽泛的效用测试呢？

作者列举了一个例子：自动语音。很难想象一个听众会在接到主动

103

推销电话时，除了讨厌之外，还会有其他的感受——尤其(但不只)是机器人打来的推销电话。因此，自动语音电话"与公众利益背道而驰。而要证明《第一修正案》宽容对待许多自动语音立法的合理性还有很长的路要走"。尽管柯林斯和斯科弗并未明确表明他们是否认为自动语音未能通过效用测试(因此根本未承认《第一修正案》的适用范围)，也未明确表明他们是否认为它有用，并且适用于足以危害政府监管正当性的言论，我还是赞同把它的不实用归为阈值问题。同时，我猜测他们会争辩威胁、商业欺诈、伪证和勒索也不属于适用于《第一修正案》范围的言论类别，因为它们对听众没有任何用处。

其他人则纠结于听众在相关场景中的权益，并且提供了可能无法通过效用测试的其他表达方式示例。以菲力克斯·吴(Felix Wu)为例，他提出，我们认为企业和商业说话者只享有"衍生"言论权，因为我们仅仅是因为他们的言论对于听众具有效用才会重视它们的言论。吴指出，"权益是衍生出来的，并不是说它不重要，我们可能认为企业和商业言论权都是衍生的，而且强大到足以对经常引发辩论的行为进行限制措施，即对商业广告的限制措施和对企业活动的限制措施进行更严格的审查"。[6]但与此同时，吴也注意到，一些言论规则满足了听众的权益，它们对听众认为无用的表达方式加以限制，也要求提供听众认为有用的表达方式。例如，不仅包括垃圾营销(包括但不限于自动语音)禁令，还包括要求商业和企业说话者向听众提供有关商品和服务质量、商业交易条款和条件以及听众可获得的法律权利的信息的规定。

但一些对于效用的评价却引起了相当大的争议。

举例来说，回顾一下，美国公民联合会诉联邦选举委员会案(Citizens United v.Federal Election Commission)中的多数派和异议派都认为，《第一修正案》在很大程度上保护了政治言论，因为它对听众具有巨大的价值。由于这个原因，法院8：1的票决结果支持了政府的披露活动信息及免责的需求——即披露某项活动宣传或捐款来源的言论——因为他们需要对听众有用的言论。[7]

　　但是，对于听众是否认为不受约束的企业政治言论有用，大多数人都持有强烈的不同意见。他们的不同观点源于他们对听众实际如何处理信息的不同评估。在取消政府对企业活动言论的限制时，大多数人含蓄地采用了"理性行为者"模型——即听众认真收集和倾听所有相关信息，然后根据这些信息作出理性决策。通过这种方法，来自各种来源的言论越多，对于听众就越好。

　　然而，另一些人却得出相反的结论，即"理性行为者"模型本身以牺牲现实主义为代价，优先考虑理想主义。用持不同意见的史蒂文斯法官的话说：

　　　　如果我们社会中的个人有无限的自由时间去倾听和思考任何人在任何地方最后所说的每一句话；如果广播广告除了其论点的价值(如果能够产生价值)之外，没有影响选举的特别能力；如果立法者总是带着完美的美德行事；那么我想大多数人的前提都是合理的。[8]

　　有争议的效用评估绝不仅限于政治言论领域。例如，阿兰·莫里森(Alan Morrison)担心法院的商业言论主义就忽视了听众及他们的效用："我曾希望，随着商业言论主义的发展，信息对消费者的效用将成为平衡的一部分，而不仅仅是搞清被质疑的陈述是否真实。"[9]相反，他发现法院保护了大量的商业言论，这些言论只服务于商业说话者的利益，而不服务于听众的利益。例如，他声称——尽管现行的判例法与此相反——但出于对听众效用的真正关切，政府可以要求学校和操场附近的零售场所将香烟广告放置在离地面至少5英尺的地方(即高于孩子的视线)，还可以限制烟草广告使用的颜色和图形。我不知道柯林斯和斯科弗是否认为对于那些觉得这些视觉装饰比那些平淡无奇的替代品更令人愉快或更有趣的人来说，这些视觉装饰是否有用。

　　我一点也不觉得柯林斯和斯科弗认为听众对效用的评估一定是理性的是犯了理想主义的错误。相反，听众的评价往往基于审美、直觉和其

105

他理性判断，因此，当他们的品位发生分歧时，我们不应该感到惊讶。但有时听众对效用的评估并不只是互不相同；有时候听众彼此之间对效用的感受也会存在直接冲突。以网络暴力为例。正如惠特尼·菲利普斯(Whitney Phillips)所说的，喷子们以破坏陌生人的生活为乐。为了实现这个目标，他们会做任何事，说任何话，为了达到这些邪恶的目的，会故意把目标对准最脆弱的群体——或喷子们口中的，最能被利用的——目标。[10]可以肯定的是，喷子们的目标是那些认为这种言论毫无用处，而且往往会带来极大的危害的听众。但喷子的听众也包括喷子社区的其他成员，他们从看着对方毁掉陌生人的生活中获得快乐和兴奋。他们认为网络暴力是一种享受——有用——正是因为会给其他人造成不愉快。

与此相关的是，纳撒尼尔·佩西利(Nathaniel Persily)研究了机器人喷子传播假新闻的能力是如何在牺牲其他人利益的基础上为一些听众服务的：

> 假新闻的力量(如果有的话)取决于它所传播的谎言的病毒性，取决于它传播的速度，以及有多少人接受并相信虚假陈述。与现实世界中的其他信息或谣言一样，许多因素也可以助推一个故事的流行：它的娱乐价值、新奇性、淫秽性等。但谎言在网络世界传播的速度要快得多，不同的策略和技术，比如自动社交媒体机器人，可以精确地把这些谎言传播给某些人……机器人可以有很多用途，有些是有益的，有些是邪恶的。它们可以用来歪曲在线民意调查，为餐馆或酒店撰写在线好评。它们甚至可以根据其他在线内容自动生成 YouTube 视频。最重要的是，机器人可以传播信息或错误信息，可以通过自动推广标签、故事等使主题在网上"流行"。在 2016 年的活动中，机器人传播宣传和虚假新闻的能力似乎达到了新的高度……对于社交网络来说，"对真相的搜索"必然会排在优先次序清单中最靠后的位置，因为它的用户通常会认为虚假、消极、偏执或其他粗暴言论更有意义、更吸引人。[11]

换句话说，某些言语令人讨厌的、有害的特点会让某些听众觉得无用，这正是其他听众觉得它有用的原因。

106

这就是效用的阴暗面。

与此相关的是，我们对于自己作为效用听众的评估，有时甚至会受到强大说话者的影响——甚至是强迫。例如，柯林斯和斯科弗认为，"听众可能使自己适应忍受更多的诽谤和隐私侵犯，以换取更大的技术效用，我们愿意冒更大的风险来换取新通信技术带来的好处"。但是，认为这些完全是我们自己的选择的观点，反映出理想主义至少是和现实主义一样多的，因为商业和其他强大的实体并不仅仅会满足和服务于我们作为听众的利益——它们投入大量的时间和金钱来影响甚至制造我们的偏好。我们会适应的，作者说。但并非所有的适应都是健康的，也并非所有的权衡都是真正自由的。听众可能会"适应"隐私保护的丧失，就像把一只青蛙放在一壶热水里适应水的沸腾一样：不一定是选择的问题，也不一定是为了我们的利益。

我在早期的作品中曾探索过相关问题，我认为，我们要想真心关注听众的权益就不能把所有说话者—听众的关系理想化，而是要认识到说话者有时候会享受到信息和权力的优势，这也增加了他们会给听众造成伤害的可能性和严重性。这些伤害包括欺骗、操纵和胁迫的伤害——这些危害描述了说话者为达到自己的目的而通过权力和歪曲信息使听者屈服的不同方式。[12]消费者、员工、客户和病人都是这种不对称关系中的倾听者。关注这些不对称是对政府依据《第一修正案》选择听众权益高于说话者权益的做法的一种支持——比如，在商业及专业言论场景中，政府要求相对强大且知识丰富的说话者履行诚实、准确和公开的责任。

但在这些场景中，听众的权益并不总是占上风。例如，摩根·维兰德(Morgan Weiland)认为，当代法院处理言论自由问题的方法包括其对"听众"概念发生了重大、潜在破坏性(甚至是虚伪)的转变：

在共和党传统中，听众是公众的代表，自由表达对于他们的好处在于实现集体自决和自治……

法院抛弃了这一传统,新做法是狭隘地把听众看作是个人消费者或选民,自由表达对于他们的好处可以是在市场上就商品或候选人作出明智的选择……听众的权利服从于企业言论权。尽管企业权益总是能得到满足,但法院放松持股管制的做法是否真的有利于听众仍是一个非常模糊的问题。[13]

维兰德指出,现在该轮到法院根据《第一修正案》对我们之前认为能深化听众权益的条例进行貌似合理的攻击了——比如禁止商业实体将某些消费者信息用于营销目的的隐私条例、禁止互联网服务供应商限制用户访问特定的互联网流量来源的反歧视条例以及禁止企业和商业行为者进行某些虚假陈述的条例。

我的感觉是,在应对上述挑战问题上,柯林斯和斯科弗会宁可选择适用,这样他们会发现只要有听众主观认为它是有用的,那么言论就适用《第一修正案》,这种言论将得到保护,除非或者直到它造成的伤害超过某些客观标准:"我们基于实用主义的言论自由法律体系既没有义务为审查制度辩护,也没有义务为伪善行为正名。这是因为《第一修正案》对于它的适用范围会扩大,宪法对其保护力度也会加大,但需不存在经验证明的压倒性伤害。"换句话说,当听众对于效用的评估发生冲突时,消极理论就会起到决定性的作用:封闭的适用范围要求反对旨在规范有争议的言论的政府。

这就引出了对于"经验证明的压倒性伤害"的讨论(或者,如柯林斯和斯科弗在别处主张的,"严重且直接的"或"广泛传播的个人或集体"伤害)。证明给谁(怎么证明)? 对谁产生压倒性(或严重且直接或广泛传播的个人或集体)伤害? 法律长期以来一直在与这些客观的——确定将为我们作出这些判断的"理性人"的问题作斗争。例如,"审查"是一个有价值的术语,它假定目标表达有价值(或效用):我们通常讨论的"审查"言论挑战了政治,宗教和艺术正统。"监管"是另一个有价值的术语，它强调目标言论的无用性(或危害性)：比如，我们通常说的是监管有关欺诈、伪证、勒索及相关的表达。我们对术语的选择揭示了我们对有争议表达方式效用(或危害)的假设。女人的审查就是对男人的监管。很快能从有争议言论中看到效用的人很可能是那些最不可能体验到有用之处、因而也最不可能看到其危害性的人。反之亦然。

新的效用标准在很大程度上是对听众可自由选择他们认为有用东西的赞美。这是一种可以用来思考我们重视的言论及原因的强大且有吸引力的工具。但效用标准既不简单也不客观。我曾试图使效用的概念复杂化，因为我认为现实主义要求我们承认听众自身会也确实会反对有争议言论的效用(和危害)，一些听众(以及说话者)仅仅把其他听众看作是实现他们自己效用目的的手段，对效用(和危害)的评估可以由强者来塑造，而对弱者不利。言论自由法(如果有的话)究竟应该对这个复杂的现实做些什么呢?这是一个长期困扰我们许多人的恼人挑战。新的又成了旧的。反之亦然。

注释

1. Toni M. Massaro and Helen Norton, "Siriously? Free Speech Rights and Artificial Intelligence", Northwestern University Law Review 100：1169(2016).

2. Toni M.Massaro, Helen Norton, and Margot E.Kaminski, "Siriously 2.0：What Artificial Intelligence Reveals about the First Amendment", Minnesota Law Review 101：2481(2017).

3. Ibid., p.2483.

4. Ibid., p.2512.

5. Geoffrey Stone, Sex and the Constitution(New York：Liveright Publishing Co., 2017), pp.47—73.

6. Felix T.Wu, "The Commercial Difference", William and Mary Law Review 58：2005(2017).

7. 558 U.S. 310(2010).

8. Ibid., p.472.

9. Alan B. Morrison, "No Regrets (Almost)：After Virginia Board of Pharmacy", William & Mary Bill of Rights Journal 25：949, 952—953(2017).

10. Whitney Phillips, This Is Why We Can't Have Nice Things：Mapping the

Relationship between Online Trolling and Mainstream Culture(Boston, MA: MIT Press, 2016), p.10.

11. Nathaniel Persilly, "Can Democracy Survive the Internet?", Journal of Democracy 28: 63, 70—74(2017).

12. Helen Norton, "Truth and Lies in the Workplace", Minnesota Law Review 101: 31(2016).

13. Morgan N.Weiland, "Expanding the Periphery and Threatening the Core: The Ascendant Libertarian Speech Tradition", Stanford Law Review 69: 1389, 1395 (2017).

回应

机器人改良

罗纳德·K.L.柯林斯、大卫·M.斯科弗

(Ronald K.L.Collins and David M.Skover)

对话参与是一种强有力的思想交流活动，是《第一修正案》中备受尊崇的理想原则之一。《话语之死》(1966)是我们合著的第一本书，我们对此一直非常珍视，其中对此观点有所阐述，包括我们后来出版的作品，如《论异议及其在美国的意义》(2013)，也保持一以贯之的观点。现在有了《机器人的话语权》，我们有幸得到几位饱学之士的参与，这对塑造并不断改进我们的思维有很大的帮助。

通过这种方式，我们当下的对话恰好是当年苏格拉底在古雅典街头巷尾的各种口头交流中所寻求的那种模式。凡认真阅读了《柏拉图对话录》的读者都知道，这些对话的最终价值不仅源自苏格拉底的评论，更有无数来自对话者的回应。正是本着这种精神，我们首先邀请了瑞恩·卡洛、简·巴伯尔、詹姆斯·格林梅尔曼、布鲁斯·约翰逊和海伦·诺顿，并接受了他们的评论。他们的结论是经过深思熟虑的，有时甚至是新颖而微妙的，在有关《第一修正案》和机器人表达的相关学术研究相对匮乏的时候，他们的观点尤为难能可贵。有趣的是，他们的观点分化

很严重，褒贬不一，巴伯尔教授认为《机器人的话语权》是一个"对机器人表达的广泛语言保护的一种强有力且令人信服的防御体系"，而约翰逊先生则认为我们的文章指向一个反乌托邦的"美丽新世界"。

当然，在健康的交流环境下，我们和同事往往会就某些方面产生意见分歧，因此，即使我们反对某些观点的输入，我们也无不心存感激。留到最后的，最重要的往往是那些最合理的论证，这种情况下，孰是孰非，我们将最终的裁判权留给读者。

瑞恩·卡洛教授在介绍中善意地描述了我们在《机器人的话语权》中秉承的那种互相谦让的策略，其中不乏一些评论认识，他们"不太倾向于对我们的某些论点持赞成意见"，而这正是"未来机器人政策和法律研究的一个模型"，我们希望如此，毕竟，这是一些热情奔放的知识分子的混战。

112　　不仅坚持言论自由的原则，更重要的是，它拓宽了个体的思维局限。"考虑到机器人法律和政策完全是跨学科的"，卡洛指出，"所以听取一些在计算机科学和工程领域研究并设计机器人的学者的意见也是很有必要的"。的确，在这个法律和科技的交叉学科，法学可以从科学规律中学到很多东西，反之亦然，多多益善。

想象无法想象的，这就是未来的机器人领域。卡洛说："人工智能在当前的许多令人兴奋的应用都是在识别人类无法识别的模式。"的确，毫无疑问，会有那么一天，机器人应答器可能会在未来的书本中测试我们的逻辑可靠性。但在那天来临之前，用卡洛教授的话说，我们需要人类的思想家为"我们这个时代的关键性问题"做好准备，并发出一份诚挚的邀请，"欢迎社会其他成员加入"。这就是我们的方式，《第一修正案》指出的方式。

接下来，让我们转向亚里士多德，他曾写道："我们都倾向于做的，不是基于事实本身，而是根据对手的观点来指导我们的研究。"[1]所以现在让我们重新考虑那些与我们的观点不同的观点，我们将通过五条原则来进一步澄清，在某种情况下，完善我们迄今为止所说的内容。

一、 原则 1：基于技术与理论

《机器人的话语权》的灵感并非来自提出一种新的和广义的言论自由理论。相反，我们一直致力于处理机器人技术和《第一修正案》之间的关系。因此，我们主要关注的是机器人表达的潜力，以重新配置言论自由理论。就图像而言，这些技术在《第一修正案》这片水域中注入了一种具有变革力量的颜料。自 1990 年我们发表了题为《伞兵时代的第一修正案》[2]的文章以来，我们就一直关注新兴通信技术与《第一修正案》自由之间的关联，而本书正是我们所关注的内容的持续和延伸。我们的工作只能在这些参数范围内展开，而我们的言论自由思想在这些参数之外的任何应用都是超出我们的研究范围的。

二、 原则 2：评论出现及消失：保护与防护的区别

我们项目的核心是区分《第一修正案》可能包括的活动和受其保护的言论之间的区别。忽视其区别或者将两者混为一谈，都会混淆并误解我们所表达的意思。因此，我们不能夸大这种二分法的重要性。让我们再次回到我们的论点，以进一步了解澄清。在机器人表达的背景下，第二部分提出了一个关于何时可以合理地提出《第一修正案》适用范围的理论，我们称之为"无意图言论自由"(IFS)。受接收理论的启发，我们认为，当一个理性的接收者认可信息的传递是一项有意义的表达时，《第一修正案》的保护范围就存在了。换言之，除非接收者找到一些与无意图言论自由一致的表达方式，否则这些传递将不被视为是一种言语表达。只有当自动传递满足无意图言论自由的标准时，《第一修正案》保护分析才会发挥作用。第三部分提出，《第一修正案》保护可以通过

113

对所讨论的机器人表达安全效用及可能产生的危害的情境评估来确定。在这一点上，效用准则是《第一修正案》保护的基本原理和理由。其使用是否被政府的危害证明所抵消是决定机器人表达是否受《第一修正案》保护的决定因素。

詹姆斯·格林梅尔曼的评论对这种二分法的困惑尤为明显，他的误解在文章开篇就得到了证明，他说："几秒钟的反思表明，有时候计算机传递的是语言，有时不是，因此，正确的发问方式不是'是否和为什么'，而是'何时'。"事实也确实是这样，有时候机器人传递的是语言，有时候不是。这就是无意图言论自由理论的全部内容。我们对于无意图言论自由理论的讨论直接回答了"何时"这个问题：当一个合理的接收者认可机器人的传递是有意义的表达时，就给予了《第一修正案》言论的范围。基于"几秒钟反思"而忽略这一点，则是从一开始就对我们的论点进行了错误的描述，之后又得出了错误的结论。正如格林梅尔曼教授所断言的那样，在效用准则下，语言不会"吃掉世界"，因为言语不是由效用定义的，它是由无意图言论自由理论定义的。而受保护的言语也不是由效用单独决定的，而是由对相互竞争的效用和危害的综合评估决定的。

让我们再一次关注我们作品的第二部分(再次关于范围分析)的如下段落，因为格林梅尔曼教授宣称"它表现了我们的观点易出错的点"：即便是机器人或机器人部件彼此交流时，仍然有"有意义的信息"来回传递，所有这些交流都是由人类投资者发起的，并最终以她或他是否接收机器人商家的报告而告终。简言之，机器之间的交流是在人类目标的要求和服务下进行的。假如投资者的目的和目标都是合法的，那么机器人商家仅通过交换信息就可以达成这些商业目标。那么，究竟为什么作为该进程中间阶段的交流步骤被视为不值得被包含在《第一修正案》范围呢？

在这种概念背景下，让我们考虑一下格林梅尔曼的说法："就我的理解而言，这个论点似乎是说如果是因为缺乏人类的参与而产生或接收

114

了'机器人之间的交流'，这个并不妨碍《第一修正案》保护"。一方面，如果他的意思仅仅是说机器人之间交流的每一步都缺乏人类参与，而这并不一定会妨碍范围，那么从逻辑上讲，这也不应该妨碍保护，我们同意。另一方面，如果他的意思是在所有这些情况下，都将或可能受到《第一修正案》的保护，我们不同意。

接着他又补充了如下内容，显而易见，他混淆了范围和保护的概念，他说："现实情况是，无论何时，只要这些交流'应人类要求并服务于人类的目标'，那么它们都将作为言论受到保护。"这后一段同样来自第二部分，即我们对范围的分析。也就是说，在进行任何《第一修正案》效用保护分析之前(第三部分)，必须进行一些真正的范围分析，这很可能妨碍前者。或者换一种说法，一旦机器人的表达在无意图言论自由(而不是效用)分析下包括在《第一修正案》中，其评估过程才会从效用和相关询问开始。在无意图言论自由分析完成之后，将对活动进行分析，以确定它是否属于受保护范畴。

与此相关的一点，格林梅尔曼在其文章的第八部分承认：《第一修正案》的言论保护已经并且可以确认是指与人类有充分联系的活动，尽管这些活动并非由人类亲身经历，但其对人类具有明确的交际意义。从《第一修正案》的范围出发，难道不能说，是因为我们将无意图言论自由理论应用到机器人商家的机器人之间的交流，从而与这种关联分析产生了共鸣，最终由人类接收到报告？即便这种关联可能涉及多个机器人之间的联系。

当使用罗伯特·波斯特的关于"《第一修正案》的范围"的观点时，格林梅尔曼教授的解析太过复杂。正是在这种背景下，我们给了读者这样的印象："柯林斯和斯科弗建立了与波斯特教授相反的效用标准"，但是我们没有。我们的效用分析不是范围的度量措施，打个比方：这是一个将苹果和橘子混在一起的例子，这种情况下，系统性缺陷异常明显：将无意图言论自由的接收范围分析转化为效用保护分析，无异于是将先决条件和结论划等号。

此处的问题是说，一个人一旦一开始站错了立场，必然会跌倒。从某种程度而言，格林梅尔曼教授似乎理解了我们的范围/保护二分法，他说"我认为柯林斯和斯科弗似乎是对的，他们认为，听众的经历足以建立起一种合法的、道德的和政治正确的言论兴趣"。如果他没有背离这一观点，就不会出现后面的失误。

三、原则3：关于效用——一种保护机器人语言的概念框架

115　　　为消除分析中可能出现的冲突，强调我们的效用标准的反面可能更有用。比如：

不排他：我们的效用标准可以和其他《第一修正案》的规范理论相结合。从这点而言，它并不排除对其他言论自由价值理论的考虑。

不虚假：我们的效用标准旨在避免虚假交易及类似情况，比如，当《第一修正案》价值的文艺复兴理论被拉伸到极限，为保护异常的表达形式时，就会出现这种情况。

不绝对：我们的效用标准是通过有害原则来检验的，只要技术利益的要求可以通过证明其无用和有害(如物理的、经济的和有害环境或有损国家安全的)来加以克服。

不等同于其他标准或原则：我们的效用标准不应该被理解为瓦解成其他更狭隘的规范价值理论。相对公共利益而言，服务于私人利益的机器人表达在没有任何重大的负面竞争或损害的情况下，都将受到保护。而且，我们的效用标准并不关注与其功能性相去甚远的欲望或需求。效用越是偏向纯粹的快乐，自我满足就越会冲淡其概念价值。虽然单纯的快乐并不能影响效用，但效用标准不应该被吞噬一切的唯乐原则所消耗。

约翰逊先生在批评我们未能处理好"基本原则"时，即为"涉及公众关注事项的言论"提供更严格的《第一修正案》保护时，他似乎没有

注意到这一点，对于这一指控，我们给出几点回应。

第一，在我们的无意图言论自由理论下，"公众关注"并非一个《第一修正案》范围内与机器人表达相关的调查。只有在《第一修正案》保护的效用计算下，它才有意义。当机器人表达对公众越有用，它就越受保护；或者说，当公众利益受到的损害越大，它就越不容易受到保护。

第二，如前所述，公众利益的概念可能已经包含在效用计算中了。我们早期的观察进一步证实了这一点，即效用标准不具有排他性，而是可以和《第一修正案》的其他规范价值理论协同作用。

第三，相对于《第一修正案》的其他标准，如亚历山大·梅克勒约翰的自我管理理论，公共利益是一个不常被明确的概念。最高法院在加里森与路易斯安那的案子中也提出了同样的建议，将"涉及公众事务的言论"等同于"克己的本质"。[3]在这种情形下，公共利益分析可能会冲淡效用标准，从而缩小《第一修正案》的保护范围。

116

第四，如约翰逊先生认为的，公共利益是一个"不守规矩"的标准，容易引起混乱。的确，诺顿教授的一些担忧也同样适用于约翰逊先生的公共利益分析。

第五，在《第一修正案》的支持下，公众对机器人交流技术的兴趣很可能主要被定义为数字化信息、观点和意见的自由流通的最大化。

第六，就效用标准可能引发赫胥黎式的反乌托邦而言，现有的《第一修正案》理论也是如此，这点我们在《话语之死》一书中有涉及。此外，正如在接下来的原则4中充分讨论的那样，政府对这类问题的"治疗"本身可能被视为是奥威尔式暴政的一种形式。

不规范：和其他理论一样，我们的效用标准必须在连接处发挥作用才有效。正因为这样，拟定规范就没那么容易了。我们的第三部分提出的更多的是为《第一修正案》对机器人表达的评估给出一个概念框架，而不是毫不妥协的法理要求。因此，我们主要提供一般性原则来分析具体的保护问题，并仅用几页篇幅来讨论这种初步决定。

诺顿教授并非没有注意到这一点，尽管如此，他还是深受"效用的阴暗面"带来的"界限问题"困扰。然而，我们不得不强调，我们的机器人言论自由分析中存在着有意义的局限性。除了原则 2 中阐述的无意图言论自由临界值以外，还有危害原则。换言之，对一个人的效用评估和对另一个人的无用和危害评估都是《第一修正案》的保护计算的部分，而其中界限的规定往往依具体情境不同而确定，不可预知。

当然，冲突权利的概念对《第一修正案》的调查来说并不新鲜。举个例子，试想一下，在内布拉斯加州新闻协会诉斯图尔特案(Nebraska Press Association v. Stuart)中，表现的是新闻权利与公正审判权之间的冲突。正如首席法官沃伦·伯格所说：

117

> 对言论自由的保障并非在所有情况下都是被禁止的，但是事先限制的障碍仍然很大，反对使用言论自由的假设仍然存在。我们认为，关于在本案中作出的禁止公开报道或评论司法程序的命令，这些障碍尚未得到克服；这一命令在一定程度上限制了这种材料的发表，但显然是无效的。由于它禁止从其他渠道获得信息进行发表，我们得出结论：作为确保事前审查的条件而施加的重压并未达成。[4]

换言之，并非所有的权利(或利益)都是平等的。有时，同样的秤砣对一个人而言比对另一个人更重。对我们而言，对一个人的效用可能会比对另一个人更有用，社会危害性也更小。这样的话，《第一修正案》效用标准(辅以其他原则如内容歧视、模糊、过度解读等)可能须指出对第一权利要求人的保护。

此外，回顾一下我们在原则 1 中优先探讨的关于机器人技术与言论自由法律之间的关系。我们会发现，应该注意使新技术能够符合旧的法律的考验。在这方面，互联网在功能上抹杀了《第一修正案》中许多关于淫秽言论的规定。这一观点与勃兰登堡与俄亥俄州案(Brandenburg v. Ohio)的煽动测试如出一辙，其中提到："言论自由和新闻自由受宪法保护,不允许任何一个州禁止或鼓吹使用武力或违法行为,除非是为了煽动不法行为,或可能引发此类行为。"[5]考虑到机器人表达的本质,其难以置信的传播速度及其广泛的覆盖面,勃兰登堡的紧迫性测试可能不得不进行修正,应更加强调"可能产生这种行为"这一点。危害的严重性以及政府检查的不可操作性可能需要一种技术上的解决方案,或者甚至是一种政府认可的方案,但这种方案却极有可能使得《第一修正案》面临新的挑战和问题。总之,我们的关键点是新兴技术将引发未来对《第一修正案》的分析。

最后,让我们不妨思考一下弗朗瓦索·马利·伏尔泰(Francois-Marie Voltaire)的金句:"怀疑并不是一种令人愉快的状态,但是确定性却是一种荒谬的状态。"[6]

四、 原则4:关于功能性解决方案——技术响应和法规响应

受《第一修正案》保障的消极自由普遍强烈反对政府干预通信市场,即使机器人表达可能会造成真实的、实质性的危害,情况也不会有所改变。当私营部门的技术解决方案("减轻负担的一些方法")充分且可用时,法律通常不鼓励监管部门有所对立。正如我们在之前的效用讨论中指出的,当机器人技术有能力超越监管反应的实用潜力时,情况便是如此。

当诺顿教授为"机器人巨魔"传播"虚假新闻"而扼腕痛惜时,我们的原则便得以强化。一方面,关于个体或商业产品的虚假描述和错误信息已经受到联邦和许多州消费者保护法和诽谤法的监管。另一方面,当"虚假新闻"蔓延到政治领域时,问题要复杂得多。如果邪恶组织利用巨魔在那里散布错误信息,对立组织就有责任采取技术手段作出回应,并使用真实的信息予以纠正,从而反制巨魔。从某种意义上来讲,这种机器人战争类似于真实的战争,采用反弹道导弹技术检测敌方的弹

118

道导弹。同样，当约翰逊谴责机器人"可能完全逃脱政府掌控"，"破坏美国的民主话语"时，我们迫切需要的是机器人的修复方案，而不仅仅是监管机制的回应。

值得注意的是，技术性解决方案是路易斯·布兰戴斯法官关于《第一修正案》准则的一个例证，他指出，对虚假言论作出应答并非审查制度，而仅仅是对话。[7]诺顿教授哀叹道，即使实体花费"大量的时间和金钱来影响甚至重塑我们的偏好"，我们是否就应该承认政府对此类政治事件的监管？这难道不是政府家长式作风失控的一个明显例证吗？

作为《话语之死》一书的作者，我们非常同情约翰逊先生的关于开明理性的政治话语受到电子污染的担忧。尽管我们在那本书中对文化进行了批判，但作为一个法律问题，我们赞同政府监控机器人程序产生的政治谎言的观点。当然，长期以来，政治活动的人类代理人在使用机器人之前，就已经使用早期的电子技术来制造政治谎言了；可以肯定的是，由于其传播速度快，传播面广，广播和电视早已代替纸媒开启了一个广泛传播错误政治信息的时代。当然，《第一修正案》将阻止政府审查虚假的政治言论，而不考虑其技术水平。[8]我们的《第一修正案》痛恨政府的真理部。

五、 原则5：关于思想者——保护知识的生产者及其成果

简·巴伯尔教授发表了颇有见地的评论，引发人们对"思想家的创新"以及如何利用新技术扩展人类知识领域的反思。与此相关的是需要保护"机器人思想"的信息输出。巴伯尔希望将这些思想置于《第一修正案》的法律保护伞之下。她提出了一些耐人寻味的观点，对此，我们也想补充一些自己的观点。

119　　　以下是一个关于数据的惊人事实："从一开始至2002年，世界创造了5eb(50亿千兆字节)的信息；而今天，我们在10分钟内就能创造这么

多数据。"[9]如果说数据的生成还不足以让人震惊，那么再考虑一下这些数据的存储、分析和共享。当然，新的智能是人工智能；新的启蒙运动远远超出了经验主义之父弗朗西斯·培根及其科研伙伴的想象。正是在这一领域中，简·巴伯尔教授敦促我们思考"思想的自由"，这与个体和个体的世界有关的"新见解的私人发展"相关联。那么，《第一修正案》将如何保护这一重知识而轻交流的领域呢？

法官本杰明·卡多佐曾说过："思想自由……是矩阵，是几乎所有其他形式的自由的必要条件。在我们的历史上，无论是政治上还是法律上，对这一真理的普遍承认是极罕见的反常现象。"[10]但是为保护这种自由所付出的努力，以及在电子时代创造的大量知识财富，都无不揭示了口头支持与强制执行之间的巨大分歧。

正是在这种背景下，我们被要求转换观念，从"对话式"转为"思想式"；也就是说，要更多地关注"思想者创新"，而不是将我们的分析局限于"交流创新"。这一动作要求从混乱中撤回交流，或者在更直接的情境中这样做。或者如巴伯尔后来强调的："机器思考者并不一定是沟通者。它们不一定会把知识传递给别人或者别的机器。"换句话说，当交流没有明确地融入其中时，我们该如何保护思想及其副产品呢？用她自己的话来表述这个问题，即："那么柯林斯和斯科弗关于承认《第一修正案》对有用的机器人交流的保护的呼吁是否应该同样适用于有用的机器人思想？"她之所以提出这样的疑问，是因为如她所看到的，"目前尚不清楚为什么交流总是机器人概念组合的重要组成部分"。

重要的是，思想者和交流者之间的分歧可能并不像巴伯尔教授认为的那样明显。不论是由人类还是机器人产生，思想者的研究都与交流紧密相关，至少就目前掌握的信息来看是这样的。也就是说，如果不和人类或其他计算机进行真正意义上的交流互动，单凭机器人进行数据的收集和分析几乎是不可能的。从这个意义上来说，机器人作为一种技术，与双筒望远镜或望远镜是截然不同的。为了更有效地发挥作用，不论是双筒望远镜或是望远镜，都不需要与双筒望远镜和望远镜进行互动，而政府对其中一种望远镜的禁令远比对言论自由的禁令更容易引发财务收入，程序也更简便。巴伯尔教授将从某处获得的重要信息赋予《第一修正案》，当该信息被传递到一个机器人并最终传输给一个人类接收者时，交流就产生了。从这个意义上讲，机器人既是"思想者"，同时也是"交流者"。

120　　　所有这些都促使我们想到洗衣机，简单解释如下：正如巴伯尔教授所言，洗衣机是有用的。我们转动一个旋钮，很快，"超净循环程序"就开启了。通过这样做，我们能和洗衣机进行交流吗？ 或者再想想那种老式的大桶和绞盘的模式。当我们用曲柄转动绞盘时，它的反应是在两个滚筒之间推动衣物，那么我们是否与绞盘进行沟通？ 现在，如果我们为其添加一个计算机芯片会怎么样呢？ 我们按下按钮，一切都是电子化的，那么我们按下按钮是为了交流吗？ 但是，如果我们有一台人工智能洗衣机，它会提出一系列问题，从水温到注水量到转速，然后根据我们的语音回答来进行相应的操作，这算交流吗？ 格林梅尔曼教授可能会说，除非这类洗衣机的难题得以解决，否则语言将吞噬整个世界，但真的会吗？ 或者换句话说，如果我们仍然无视这些创新如何影响言论自由，新技术世界会吞噬言论吗？

　　在对我们的讨论展开分析之前，有必要重申一个显而易见的事实：随着通信频率的不断增加，随着数据通过无限的无线通道进行传输，通信被数字化了。这样一来，我们对语言和智力的轮廓的理解将会改变。从这个角度看，问题可能将不再是语言吞噬世界。相反，问题将很有可能是新技术吞噬了言语，从而也消除了曾经给予言语的保护。只要我们允许这种情况发生，过去的问题就会重复出现，审查制度将再次要求束缚新技术。

　　让我们深入了解我们在日常语言中使用词汇的心态，从而帮助我们解决洗衣机之谜。比如，考虑到以下几点：

　　"我今天和我的洗衣桶和绞衣机说话了。"

　　"今天早些时候，当我将洗衣机的旋钮转至冷水时，我和我的洗衣机交谈过。"

或者，"早餐后，当我按下电子长周期按钮时，我在和我的洗衣机交谈"。

这样的"谈话"是需要心理咨询的，心智健全的人通常不会与洗衣机、桌子或汽车交谈，但是等等，如果汽车装有语音识别系统呢？ 在那种情况下，和自己的汽车交谈会有意义吗？ 打个比方，考虑以下这番话：

我的新车太酷了，我可以通过车上的语音系统向星巴克下单，而且它会告诉我订单什么时候能处理好。或者如果我说："我太喜欢我的人工智能洗衣机了，它会问我怎样洗我的衣服，并且会告诉我什么时候能洗完。"

现在问问你自己，后一种说法与前三种说法的顺序不同吗？ 如果是，为什么？ 答案可能与后一种情况下存在交流这一事实有关系吗？ 当然，它可能不是苏格拉底设想的，由米克尔·约翰支持的那种传统的交流类型。但这确确实实是一种交流：一个信息被发送、被接收甚至被回应。在这种程度上，是否没有划定界限？ 如果是这样的话，这难道不是我们的无意图言论自由理论的切入点吗？

因此，巴伯尔教授认为，只要是和正确的对象交谈，那么你就有可能与您的洗衣机交谈……就如同我们刚才在笔记本电脑上与 Siri 交谈时，发现《卫报》上有关会说话的洗衣机和其他家用电器的文章。[11]

该下结论了，然而我们的结论很奇怪，仅仅是因为他出现在我们《第一修正案》法律体系的开端。明天将会如何，我们只能想象，且只能是模糊地、部分地想象。毕竟，我们是用今天的眼光臆测明天。或者可以套用马歇尔·麦克卢汉的话：我们开车驶入未来，眼睛却始终盯着后视镜。[12]其实在这种情况下，我们在适当的情况下曾试图以广泛的网络来表达我们的一些观点，即便是为了给今后的分析留一些空间。当然，未来的技术、不同的经济、文化不断变化，以及不断蓬勃发展的言论自由法律的变幻莫测，都将重塑 2044 年，也就是《论出版自由》问世

121

400 周年之际的情形。我们今天的世界对未来的人而言，会像弥尔顿的时代对今天的我们而言如此陌生吗？ 是的，十有八九。同样，某些想法会持续一段时间，不是因为它们一成不变，而是因为它们仍旧适用。正是由于进化原则，才赋予了那些永恒的思想持久的力量，而奥利弗·温德尔·霍姆斯法官敏锐地意识到了这一点。如果一个想法不能与时俱进，它就不会长久。或许是因为我们基于这条格言，精心设计了自己的论点。

进化不遵守宪法、习俗或信条，它冲刷它们，就像海浪侵蚀海岸线一样。除了隐喻性信息，它意味着什么呢？ 这意味着我们必须以一种开放的心态来对待机器人交流，时刻准备质疑我们的预设，[13] 并愿意接受似乎是不可避免的事情，尽管是时刻保持谨慎的态度。也就是说，那些不可避免的事情可能并不总是与今天的法律观念相一致，甚至与今天的价值观相一致，而这些价值观却与人类从事交流活动的意义有关。但是，回想一下苏格拉底和他对于写作的批判。诚实地说，我们不能否认他所说的话有很多优点：在从口头向书面的过渡中失去了一些东西。然而，正如柏拉图说的，也得到了一些东西，这就是"人"的尺度。在我们理解这一点之前，机器人化的交流将产生更多眼花缭乱的法律悖论，而这并非一个自由社会赖以生存和繁荣的标准。

现代性永远不会变老，这就是为什么总是出现"现代性的危机"，无穷无尽。当我们这样思考问题时，便会想到弗朗瓦索·马利·伏尔泰、丹尼斯·狄德罗(Denis Diderot)，或者现代的米歇尔·福柯(Michel Foucault)和简·鲍德里亚(Jean Baudrillard)。

122　　　但是我们不妨也想想约翰内斯·古腾堡(印刷术的西方发明者)、蒂姆·伯纳斯·李(互联网的发明者)或者马丁·库珀(Martin Cooper，手提移动电话的发明者)。技术，或者更确切地说，通信技术与现代化有着密不可分的联系，因此，总会有一些危机围绕着它们。那么，为什么会这样呢？

诚如我们看到的，交流机制影响着我们思考问题和互动的方式，因此也影响着支配它们的言论自由的法律。每当一种影响深远的新通信技术出现时，它都将对我们认识世界和传播知识的方式产生影响，从而也会影响这一领域的相关法律。我们要一分为二地看问题，这种情况下有好处自然也就有危害。而且，在这一过程中，利益和危害的概念也被重新配置。因此，苏格拉底认为有害的，可能被柏拉图证明是有益的。如果说效用是一种合适的言论自由标准，那是因为其价值不是静态的，而是动态的。

考虑到刚刚概述的内容，我们可以感觉到我们在《机器人的话语权》中提供的信息的隐含面。这可以被理解为是一种技术哲学，一种更广泛的思考生命和法律的方法。考虑到科技对文化的重要性，以及科技在很多方面对文化的支配作用，一种针对此类担忧的哲学的出现似乎是自然而然的。[14]但事实并非如此，就法律哲学而言，也肯定不是这样。讽刺的是，当人们想到技术如何影响我们对知识和真理的看法时，对这种哲学的缺失感就更强烈了，这是《第一修正案》的核心内容。当然，要使这一哲学观点的幼苗具有真正且充分的意义，我们还需说更多。然而就目前而言，我们相信，我们所概述的关于技术的结构性质的内容足以表明，这里的利害关系不仅仅是法律，甚至是宪法。这样又引出了一个相关的问题，也就是我们的最后一个问题。

人工智能，这是人类的杰作，而不是上帝或自然创造的，这是我们对万物的不朽贡献。试想一下，假如它是人类作为上帝的一次尝试，它既狂妄又奇妙。因此，如果说我们越来越多的现代集体智慧倾向于人工智能化，那是因为它们太人性化了。如果你愿意的话，这就是我们的普罗米修斯倾向。根据这一神话的情节，我们提出问题：未来的言论自由法律是受约束的还是不受约束的？ 答案很有可能是后者，如果是这样的话，那么，恭喜普罗米修斯！

注释

1. Aristotle, On the Heavens(294-b) in Jonathan Barnes, editor, The Complete

Works of Aristotle(Princeton, NJ: Princeton University Press, 1985), vol.I, p.484.

2. Ronald Collins and David Skover, "The First Amendment in an Age of Paratroopers", Texas Law Review 68: 1087(1990).

3. 379 U.S. 64, 74—75(1964).

4. 427 U.S. 539, 570(1976).

5. 395 U.S. 444, 448(1969).

6. François-Marie Voltaire, "Letter to Frederick William, Prince of Prussia (28 November 1770)", Voltaire in His Letters: Being a Selection from His Correspondence, trans. by S.G.Tallentyre(New York: G.P.Putnam's Sons, 1919).

7. Whitney v. California, 274 U.S. 357, 377(1927) (Brandeis, J., concurring).

8. See generally United States v. Alvarez, 132 S.Ct. 2537(2012).

9. Kirk Kardashian, "What If We Put Servers in Space?", Fortune Magazine, January 29, 2015, at http: //fortune.com/2015/01/29/connectx-space-data/.

10. Palko v. Connecticut, 302 U.S. 319, 326(1937).

11. "CES 2014: LG Unveils 'Talking' Washing Machines", The Guardian, January 7, 2014, www. theguardian. com/technology/2014/jan/07/ces-lg-talking-washing-machines-appliances.

12. See Philip Marchand, Marshall McLuhan: The Medium and the Messenger (New York: Ticknor & Fields, 1980), p.209.

13. Consider F.M.Cornford and W.K.C.Guthrie, editors, The Unwritten Philosophy and Other Essays(Cambridge: Cambridge University Press, 1967), pp. viii, ix, 35, 38, 42.

14. See, c. g., Robert C. Scharff and Val Dusek, editors, Philosophy of Technology: The Technological Condition: An Anthology(Oxford: Wiley-Blackwell, 2nd edn., 2014); Val Dusek, Philosophy of Technology: An Introduction(Malden, MA: Blackwell Publishing, 2006); Martin Heidegger, The Question Concerning Technology and Other Essays, trans. by William Lovitt(New York: Garland Publishing, 1977).

157

译后记

当人工智能更多地占据我们生活的时候，法律必然面临着更多的挑战。当法律界聚焦在人工智能领域时，本书作者罗纳德·K.L.柯林斯和大卫·M.斯科弗以全新的视角，将法律与技术相结合，通过评论与回应的形式，探寻机器人与言论自由的本质关系。本书是第一本针对机器人表达展开法律论证的书，将提供给读者多角度的启发。译者能够翻译本书倍感荣幸！

本书的翻译分工如下，论文的第一部分由王琳琳翻译，其余部分包括序言、致谢、论文的第二部分和第三部分，以及评论、回应由王黎黎负责。本书最终统稿及校对由王黎黎完成。

非常感谢恩师彭诚信教授和上海人民出版社，让我在翻译《谁为机器人的行为负责？》一书后，再次翻译本书，得以继续学习人工智能新领域的法律问题。特别感谢恩师彭诚信教授对本书的翻译和学术研究所给予的细节性指导。特别感谢恩师王世涛教授对本书的指导与帮助。

感谢上海人民出版社夏红梅编辑对本书出版提供的诸多帮助。

王黎黎

2019 年 5 月 18 日

图书在版编目(CIP)数据

机器人的话语权/彭诚信主编;(美)罗纳德·
K.L.柯林斯(Ronald K.L.Collins),(美)大卫·M.
斯科弗(David M.Skover)编;王黎黎,王琳琳译.—
上海:上海人民出版社,2019
书名原文:Robotica:Speech Rights and
Artificial Intelligence
ISBN 978-7-208-15989-1

Ⅰ.①机… Ⅱ.①彭…②罗…③大…④王…⑤王
… Ⅲ.①机器人-研究 Ⅳ.①TP242

中国版本图书馆 CIP 数据核字(2019)第 143246 号

策 划 曹培雷 苏贻鸣
责任编辑 夏红梅
封面设计 孙 康

机器人的话语权
彭诚信 主编
[美]罗纳德·K.L.柯林斯 [美]大卫·M.斯科弗 编
王黎黎 王琳琳 译

出 版 上海人民出版社
(200001 上海福建中路 193 号)
发 行 上海人民出版社发行中心
印 刷 常熟市新骅印刷有限公司
开 本 635×965 1/16
印 张 14.5
插 页 4
字 数 255,000
版 次 2019 年 8 月第 1 版
印 次 2019 年 8 月第 1 次印刷
ISBN 978-7-208-15989-1/D·3457
定 价 58.00 元